Mohamed Abdel-Raheem
Noor Sabah Nije Al Salihi
Salah Abbas Zaidan Al-Tamimi

Micorrizas

Mohamed Abdel-Raheem
Noor Sabah Nije Al Salihi
Salah Abbas Zaidan Al-Tamimi

Micorrizas

Relação simbiótica entre uma planta e um fungo

ScienciaScripts

Cover image: www.ingimage.com

This book is a translation from the original published under ISBN 978-620-8-17092-9.

Publisher:
Sciencia Scripts
is a trademark of
Dodo Books Indian Ocean Ltd. and OmniScriptum S.R.L publishing group

120 High Road, East Finchley, London, N2 9ED, United Kingdom
Str. Armeneasca 28/1, office 1, Chisinau MD-2012, Republic of Moldova, Europe
Printed at: see last page
ISBN: 978-620-8-25133-8

Micorrizas

Por

Prof. Dr. Mohamed Abdel-Raheem Dr. Noor Sabah

Nije Al Salihi

Dr. Salah Abbas Zaidan Al-Tamimi

(2024)

Micorrizas

Dr. Mohamed Abdel-Raheem Ali Abdel-Raheem

Professor de Controlo Biológico

do Departamento de Pragas e Proteção das Plantas

do Instituto de Investigação Agrícola e Biológica do

Centro Nacional de Investigação.

33rd ElBohouth St., Dokki, Cairo, Egito.

Correio eletrónico: abdelraheem_nrc@hotmail.com,

abdelraheem_nrc@yahoo. com

Telemóvel: (+2) 01155527583 - (+2) 01009580797

Dr. Noor Sabah Nije Al Salihi

Ministério da Educação, Iraque

Email: Sabahnoor989@gmail.com

Telemóvel: (+994) 7739353341

Dr. Salah Abbas Zaidan Al-Tamimi

Ministério da Educação, Iraque

Email: salahaltmemi79@gmail.com

Telemóvel: (+994) 7717117477

Índice

Introdução 7

Diferentes variedades de fungos micorrízicos 23

A ligação interdependente entre os fungos e as raízes das plantas 27

O impacto mundial dos fungos micorrízicos na utilização global de nutrientes pelas plantas 31

Bactérias auxiliares que apoiam as micorrizas para regular a infecciosidade do solo micorrízico 47

As micorrizas e as bactérias: Uma parceria tripla no mutualismo. 52

Interações entre microrganismos 54

Interação mutualista entre o hospedeiro e o micróbio 56

A interação entre MHB e AMF 57

As bactérias que auxiliam a micorrização e o processo de germinação dos esporos dos FMA 58

A micorriza é um recurso natural que apoia o crescimento das plantas em várias condições do solo 64

Fungos micorrízicos 67

A técnica de peneiração e decantação por via húmida 69

Estudo das caraterísticas físicas dos fungos 71

A forma e a estrutura dos esporos 72

Diferentes tipos de micorrizas 73

Desenvolvimento de associações micorrízicas 77

Interações entre plantas e fungos micorrízicos 79

Micorrizas e alterações climáticas 90

Segunda Onda - Cretáceo 92

O impacto do clima na flora e nos fungos 94

Produção do fungo micorrízico arbuscular Rhizophagus clarus em grande escala 103

Método de produção em massa de inóculos de fungos micorrízicos arbusculares sem solo 121

O impacto dos Fungos Micorrízicos Arbusculares no desenvolvimento das plantas 123

O significado dos micróbios do solo na economia 129

Processos moleculares envolvidos nas interações entre plantas e micróbios 132
Introdução aos Fungos Micorrízicos Arbusculares 136
Mecanismos de defesa de culturas que utilizam fungos micorrízicos arbusculares 140
A função dos fungos micorrízicos arbusculares no ecossistema e a atenuação das pressões ambientais 144
Os impactos das micorrizas 162
Efeitos adversos da utilização de aplicações micorrízicas 168
O lado negro da micorriza 170
Classificação dos fungos micorrízicos arbusculares 176
Diagnóstico fenotípico de esporos de micorrizas arbusculares (AM) 178
Conclusão 183
Referências 187

Introdução

MYCORRHIZAE

(Myco = fungo
Rhiza = raiz)

Uma micorriza é uma parceria mutuamente benéfica entre uma planta e um fungo, cujo nome deriva de palavras gregas que se referem a "fungo" e "raiz" desde a antiguidade. O termo micorriza enfatiza a importância do fungo na estrutura da raiz da planta e no solo próximo. As micorrizas desempenham um papel vital na alimentação das plantas, no estudo dos organismos no solo e na composição química do solo [1, 2]

Esta associação é geralmente vantajosa tanto para o fungo como para a planta. No entanto, em algumas espécies ou em circunstâncias particulares, as ligações micorrízicas podem tornar-se parasitárias para as plantas hospedeiras. [3, 4]

Uma micorriza é uma parceria benéfica entre uma planta e um fungo. O organismo cria compostos naturais através do processo de fotossíntese e fornece estes nutrientes essenciais ao fungo sob a forma de açúcares ou lípidos. No intercâmbio, o fungo fornece à planta água e os nutrientes necessários, como o fósforo, retirados do solo.

As micorrizas são visíveis nas raízes das plantas vasculares, mas também se podem encontrar ligações semelhantes nas briófitas. Evidências fósseis sugerem que as primeiras plantas terrestres sem raízes formaram associações micorrízicas arbusculares no passado. [5, 6]

A maioria das espécies de plantas estabelece relações micorrízicas, mas há certas famílias como Brassicaceae e Chenopodiaceae que não o fazem. Na secção seguinte serão abordados vários tipos destas associações. O tipo mais prevalente é a associação arbuscular, que se encontra em 70% das espécies vegetais, incluindo várias plantas de cultura importantes, como os cereais e as leguminosas. [7]

Tanto as evidências fósseis como as genéticas sugerem que as micorrizas existem há muito tempo, possivelmente desde que as plantas começaram a crescer na terra. Estudos propõem que os primeiros fungos micorrízicos desempenharam um papel crucial na adaptação das plantas à vida na terra[8, 9].

O chert de Rhynie, que tem 400 milhões de anos, contém uma coleção de plantas fósseis bem preservadas, permitindo a observação de micorrizas arbusculares nos caules de Aglaophyton major. Este facto dá uma indicação de quando a simbiose micorrízica poderá ter tido origem. [6]

As ectomicorrizas apareceram muito mais tarde, especificamente durante o período Jurássico. Por outro lado, várias famílias micorrízicas modernas, como as orquídeas e as micorrizas ericoides, surgiram durante o período de radiação das angiospermas no período Cretáceo. [10]

As provas genéticas sugerem que a relação entre as leguminosas e as bactérias fixadoras de azoto é uma evolução da simbiose micorrízica. A atual disseminação de fungos micorrízicos parece indicar um aumento da complexidade da morfologia radicular e da competição [11, 12]

O modo de vida micorrízico surgiu inúmeras vezes ao longo da história da Terra como resultado de eventos evolutivos convergentes separados. Existem diferentes formas de classificar a simbiose micorrízica, sendo uma das principais a divisão entre ectomicorrizas e endomicorrizas. [13- 15]

Certos tipos de parcerias planta-fungo partilham semelhanças com as micorrizas, embora sejam consideradas separadas. Um exemplo disso são os fungos endófitos, que são organismos capazes de residir no interior das células vegetais sem causar qualquer dano. Ao contrário dos fungos micorrízicos, os endófitos não possuem estruturas de transferência de nutrientes de fontes externas para a planta. Acredita-se que algumas linhagens de fungos micorrízicos podem ter se originado de endófitos e alguns fungos têm a capacidade de existir tanto como micorrizas quanto como endófitos.[17, 18]

As ectomicorrizas, também conhecidas como EcM, são associações mutuamente benéficas entre as raízes de aproximadamente 10% das famílias de plantas. Estas parcerias envolvem principalmente árvores como as famílias das bétulas, dos dipterocarpos, dos eucaliptos, dos carvalhos, dos pinheiros e das roseiras, bem como orquídeas e fungos dos grupos Basidiomycota, Ascomycota e Zygomycota. As ectomicorrizas formam ligações com um número selecionado de espécies de plantas, representando apenas cerca de 2% de todas as espécies de plantas a nível mundial. No entanto, as plantas com que interagem são geralmente árvores e plantas lenhosas que desempenham papéis vitais nos seus ecossistemas, contribuindo significativamente para a biomassa vegetal global. [19-21]

Uma única árvore pode ter várias associações simultâneas com mais de 15 parceiros fúngicos ectomicorrízicos diferentes. Embora a gama de espécies de plantas envolvidas em associações ectomicorrízicas seja limitada, existe uma grande diversidade de fungos que participam nestas relações simbióticas. Existem numerosas espécies de fungos ectomicorrízicos pertencentes a mais de 200 géneros. [22]

Um estudo de investigação recente calculou que existem cerca de 7750 espécies mundiais de fungos ectomicorrízicos, mas com base em estimativas da diversidade de macrofungos conhecidos e desconhecidos.[23-25]

Os nutrientes podem ser transferidos de uma planta para outra através da rede de fungos.

Uma investigação conduzida por Klironomos e Hart demonstrou que o pinheiro branco oriental inoculado com L. bicolor pode receber até 25% do seu azoto de colêmbolos. As ectomicorrizas, quando comparadas com as raízes finas não micorrizadas, podem conter níveis significativamente elevados de oligoelementos, que incluem metais tóxicos como o cádmio, a prata ou o cloro.[26-30]

Em 2008, a primeira sequência genética de um fungo simbiótico chamado L. bicolor foi documentada como tendo uma família de genes alargada devido à duplicação de genes para melhor se adaptar à simbiose.

Por outro lado, L. bicolor possui numerosas famílias de genes associados à decomposição de polissacáridos e proteínas de bactérias e microfauna. [31]

O exame do genoma deste fungo mostrou que ele tem a capacidade de viver tanto como saprotrófico quanto como biotrófico, permitindo que ele se desenvolva no solo e dentro de raízes de plantas vivas. Posteriormente, numerosas outras espécies de fungos ectomicorrízicos tiveram os seus genomas sequenciados, alargando a investigação sobre os grupos de genes e a história evolutiva destas espécies. [32]

Este tipo específico de micorriza é descoberto em plantas que fazem parte da subfamília Arbutoideae da família Ericaceae. É diferente da micorriza ericoide, mas possui funções e caraterísticas fúngicas semelhantes às da ectomicorriza. Ao contrário da ectomicorriza, algumas hifas deste tipo de micorriza penetram nas células da raiz, classificando-a como uma ectendomicorriza.[33, 34]

As micorrizas arbusculares, anteriormente designadas micorrizas vesículo-arbusculares, consistem em hifas que entram nas células vegetais e formam arbúsculos no interior das células para troca de nutrientes. Estes arbúsculos assemelham-se a estruturas semelhantes a árvores. Por vezes, também se formam vesículas, que são estruturas de armazenamento com um aspeto semelhante a um balão. Durante este processo, as hifas fúngicas não penetram efetivamente no protoplasto. Este tipo específico de micorriza está presente nas plantas que fazem parte das Ericaceae. Tem semelhanças em termos de função e caraterísticas fúngicas com a ectomicorriza. [35]

Os fungos trocam carbono da planta hospedeira por uma quantidade equivalente de fosfato.[36]

Em contraste com as ectomicorrizas, a variedade de plantas hospedeiras é extensa quando se trata de micorrizas arbusculares, apesar da diversidade limitada de espécies de FMA. Reconhece-se que cerca de 78% das espécies vegetais formam associações. As micorrizas arbusculares são criadas exclusivamente na divisão Glomeromycota.

Ambos originaram esta relação mutualista, que se alinha com a colonização inicial da terra pelas primeiras plantas[37].

As micorrizas arbusculares são frequentemente observadas numa variedade de culturas. As hifas produzidas pelos fungos geram glomalina, uma glicoproteína que se pensa servir como um armazenamento substancial de carbono no solo.

Há uma teoria que sugere que se têm replicado através de meios assexuados durante milhões de anos, tendo a capacidade de albergar múltiplas espécies geneticamente diversas. [39]

Apesar de apresentarem algumas semelhanças com os FMA, as MFRE fazem, de facto, parte do subfilo Mucoromycotina e não de Glomeromycotina. Quando habitam as raízes das plantas, o seu aspeto é semelhante ao dos FMA, mas formam hifas delgadas. [21]

O impacto das MFREs pode ter sido incorretamente atribuído às AMFs, sobretudo porque ambas têm a capacidade de infetar os mesmos hospedeiros ao mesmo tempo. Ao contrário dos FMA, as MFRE são independentes, o que contribui ainda mais para a confusão. Esta categoria de fungos micorrízicos não está completamente compreendida, mas eles aparecem.[40]

Foi identificado um fungo micorrízico ericoide em Woollsia pungens. Este tipo de micorriza, conhecido como ErMs, é específico das plantas do género Ericales e é considerado um desenvolvimento evolutivo relativamente recente nas relações micorrízicas. As micorrizas ericoides estão tipicamente associadas a arbustos de ecossistemas florestais em todo o mundo. [21]

Existem várias linhagens de fungos micorrízicos ericoides. Algumas espécies têm a capacidade de existir alguns fungos micorrízicos ericóides podem viver dentro de células vegetais como endófitos, mesmo em plantas que não fazem parte do grupo Ericales, enquanto outros são capazes de viver diferentes modos de vida aumenta a flexibilidade e adaptabilidade dos fungos micorrízicos ericóides.[13]

Nas plantas envolvidas nestas relações simbióticas, as raízes especializadas não têm pêlos radiculares e, em vez disso, estão protegidas para que o fungo possa penetrar e ocupar completamente. Os fungos começam por formar densas espirais de hifas na camada exterior das células da raiz durante a fase intrarradical. Não existe uma fase perirradical separada e, durante a fase extrarradical, estão presentes hifas esparsas que não penetram profundamente no solo. Alguns destes fungos podem produzir esporocarpos, que podem assemelhar-se a pequenas taças, mas os seus mecanismos de reprodução não são totalmente compreendidos.[51,17]

As plantas envolvidas em parcerias micorrízicas ericoides são normalmente observadas em ambientes ácidos e com falta de nutrientes. Enquanto os fungos micorrízicos arbusculares (FMA) perderam a sua capacidade de decompor a matéria orgânica, os fungos ectomicorrízicos (EcM) apresentam níveis variáveis de produção de enzimas necessárias para um estilo de vida saprotrófico. Por outro lado, os fungos que participam em parcerias micorrízicas ericoides ainda possuem a capacidade de decompor material vegetal para obter nutrientes. Alguns fungos micorrízicos ericóides chegaram ao ponto de aumentar a sua produção de enzimas para decompor as substâncias orgânicas, permitindo-lhes. Consequentemente, isto aumenta as vantagens que podem fornecer às plantas com as quais estão numa relação simbiótica.[42]

Durante algum ponto do seu ciclo de vida, todas as orquídeas dependem da mico-heterotrofia para sobreviver, o que significa que só podem prosperar formando micorrizas de orquídea. As sementes de orquídea são extremamente pequenas e não possuem os nutrientes necessários para sustentar a plântula em germinação, por isso dependem do seu simbionte fúngico para obter energia. A relação entre as orquídeas e os seus fungos micorrízicos é unilateral, com a planta a beneficiar mais do que o fungo.

Algumas orquídeas não possuem clorofila para a fotossíntese e são completamente micoheterotróficas. A existência de orquídeas que são totalmente autotróficas, o que significa que não dependem de fungos para obter carbono, é questionável.

Tal como os fungos que formam ErMs, os fungos micorrízicos associados às orquídeas podem atuar como endofíticos ou saprotróficos por si só. Dentro desta relação simbiótica, as hifas penetram nas células da raiz e criam espirais para a troca de nutrientes. [43]

Este tipo específico de micorriza é encontrado em vários géneros pertencentes à família Orchidaceae. Estas plantas são dependentes ou capazes de uma nutrição tanto autotrófica como mixotrófica, adquirindo o seu carbono do associado fúngico. Por conseguinte, este tipo de simbiose micorrízica é considerado parasitário e não mutualista.

A maioria das espécies de plantas formam uma relação mutuamente benéfica com os fungos micorrízicos. Embora apenas uma pequena percentagem das relações micorrízicas tenha sido estudada, observou-se que 95% das famílias de plantas são primariamente micorrízicas, associando-se às micorrizas de forma benéfica ou sendo totalmente dependentes delas. A família Orchidaceae, em particular, é conhecida pelo papel crítico das micorrizas na sobrevivência das sementes em germinação. [44]

Estudos recentes sobre plantas ectomicorrízicas em florestas boreais sugerem que a relação entre fungos micorrízicos e plantas pode ser mais complexa do que se pensava anteriormente. Os investigadores descobriram que os fungos micorrízicos têm a capacidade de acumular, o que indica uma relação mais intrincada entre os dois. Alguns especialistas acreditam que certas micorrizas distribuem nutrientes dependendo do ambiente circundante e de outras micorrizas presentes.

Esta nova perspetiva sobre a ligação entre as plantas e as micorrizas pode esclarecer por que razão as micorrizas podem nem sempre ser eficazes na redução da limitação de azoto das plantas. Poderá também esclarecer a razão pela qual as plantas têm a capacidade de mudar de uma combinação unicamente de raízes micorrízicas quando os níveis baixam.[45]

As relações evolutivas e filogenéticas têm sido propostas como factores-chave na determinação da força variável dos mutualismos micorrízicos, ultrapassando a influência de factores ecológicos.[46]

Para poderem participar efetivamente em parcerias simbióticas mutuamente benéficas com outros seres vivos, como os fungos micorrízicos e vários micróbios que habitam as plantas, estas têm de distinguir entre mutualistas e organismos nocivos. Isto permite que os organismos benéficos se desenvolvam enquanto desencadeiam uma reação imunitária contra os organismos nocivos. As plantas têm instruções genéticas para numerosos receptores que detectam sinais químicos de outras espécies. Podem adaptar as suas respostas às relações simbióticas e às reacções imunitárias com base no feedback que recebem.[47]

A simbiose micorrízica nas plantas é controlada e consiste num grupo de genes responsáveis pelo início e manutenção da colonização por fungos endossimbióticos e outros endossimbióticos, como a Rhizobia nas leguminosas. O CSSP pode ser rastreado até antes de as plantas colonizarem a terra, indicando que a co-evolução de plantas e fungos micorrízicos arbusculares existe há mais de 500 milhões de anos.[48]

Os fungos micorrízicos arbusculares utilizam estrigolactonas, uma hormona vegetal, para desencadear a germinação de esporos fúngicos no solo, quando segregados pelas raízes. Este processo também melhora o metabolismo, o crescimento e a ramificação dos fungos e leva à libertação de sinais químicos a que a planta pode responder. Quando a planta e o fungo se identificam como simbiontes compatíveis, a planta inicia a via de sinalização simbiótica comum, resultando em alterações nos tecidos da raiz que facilitam a colonização do fungo. [94, 50]

Em experiências com fungos micorrízicos arbusculares, foram identificados vários compostos químicos que estão envolvidos no processo de comunicação que ocorre entre os potenciais simbiontes antes do início da simbiose. Nas plantas, quase todas as hormonas vegetais desempenham um papel no início ou na regulação da simbiose dos FMA, enquanto se acredita que outros compostos químicos também têm uma função de sinalização. A natureza exacta dos sinais emitidos pelos fungos não é totalmente compreendida, mas foi demonstrado que as moléculas quitinosas referidas como factores Myc são cruciais para o desenvolvimento das micorrizas arbusculares.

Os FMA também contêm genes para potencialmente centenas de proteínas efectoras, embora apenas um pequeno número tenha demonstrado ter impacto na simbiose micorrízica, sendo provável que muitas outras também tenham um papel na comunicação com os hospedeiros vegetais.

Vários factores entram em jogo no início da simbiose micorrízica, sendo a necessidade de fósforo da planta particularmente influente. Estudos em plantas de arroz com uma mutação que impede a sua capacidade de detetar a falta de fósforo mostraram que a deteção, o recrutamento e a colonização de fungos micorrízicos arbusculares são desencadeados quando a planta detecta a falta de fósforo. A carência de azoto também contribui para o início da simbiose dos FMA. [51- 53]

As formas pelas quais as micorrizas melhoram a absorção consistem em mecanismos físicos e químicos. Em termos de aspectos físicos, os micélios micorrízicos são tipicamente mais finos em diâmetro do que as raízes e os pêlos radiculares, permitindo-lhes aceder a regiões do solo que as raízes não conseguem alcançar e aumentando a área de superfície de absorção. Do ponto de vista químico, os fungos têm uma química de membrana celular diferente da das plantas, permitindo-lhes produzir ácidos orgânicos que dissolvem ou ligam diferentes iões, e também libertar iões através de processos de troca iónica. As micorrizas são particularmente vantajosas para as plantas em solos com nutrientes limitados. [54, 55]

As raízes das plantas podem ter dificuldade em absorver certos nutrientes, como iões de fosfato e micronutrientes como o ferro, que estão química ou fisicamente presos. Em solos que contêm altos níveis de argila ou um pH elevado, os nutrientes podem ficar imobilizados. No entanto, o micélio dos fungos micorrízicos pode aceder e libertar estes nutrientes para as plantas que habitam, permitindo-lhes adquirir fosfato de outras fontes que não apenas o solo. [56- 58]

Outro tipo de imobilização ocorre quando os nutrientes ficam presos em material orgânico que se decompõe lentamente, como a madeira. Em algumas situações, os fungos micorrízicos actuam como decompositores, decompondo a matéria orgânica e transmitindo os nutrientes às plantas hospedeiras. Um exemplo disto é observado nas florestas distróficas, onde as hifas micorrízicas são capazes de extrair grandes quantidades de fosfato e outros nutrientes das folhas em decomposição, sem necessidade de os absorver do solo. [59]

A cultura em faixas de Inga é um método agroflorestal sugerido como substituto da prática prejudicial de corte e queima nas florestas tropicais. Depende da presença de micorrizas nos sistemas radiculares das espécies de Inga para proteger o solo da perda de fósforo causada pela chuva. [60, 61]

Em certas relações complexas, os fungos micorrízicos não só recolhem nutrientes do solo, como também criam ligações entre as plantas, formando redes micorrízicas.[6 2]

O Suillus tomentosus, um tipo de fungo classificado como basidiomiceto, desenvolve estruturas distintas de ectomicorrizas tuberculadas quando se associa a pinheiros de lodgepole. Foi demonstrado que estas estruturas albergam bactérias fixadoras de azoto que desempenham um papel crucial no fornecimento de azoto aos pinheiros, permitindo-lhes prosperar em ambientes com falta de nutrientes. [63]

As plantas micorrizadas tendem a apresentar uma maior resistência contra doenças, particularmente as causadas por agentes patogénicos do solo de natureza microbiana. Foi demonstrado que estas colaborações ajudam a defender as plantas tanto nas áreas acima como abaixo do solo. A investigação demonstrou que as micorrizas produzem enzimas que podem ser prejudiciais para as pragas do solo, como os nemátodos. Estudos recentes sugerem que as parcerias micorrízicas desencadeiam um efeito de priming nas plantas, funcionando essencialmente como uma primeira linha de defesa. Após a formação desta associação, é desencadeada uma resposta de defesa de forma semelhante a quando a planta está a ser atacada. Consequentemente, as plantas com associações micorrízicas apresentam respostas de defesa mais fortes. [64, 65]

Os fungos micorrízicos podem ser afectados pelo microbioma do solo, o que pode ter impacto nos serviços ecossistémicos que prestam. Além disso, verificou-se uma correlação significativa entre os fungos micorrízicos e certas variáveis físicas do solo, nomeadamente o nível de água e a estabilidade dos agregados. Verificou-se também que os fungos micorrízicos aumentam a resistência à seca. Além disso, os fungos micorrízicos desempenham um papel significativo no alívio do stress salino e na promoção do crescimento e da produtividade das plantas. Embora a salinidade possa ter um impacto negativo nos fungos micorrízicos, os estudos demonstraram um maior desenvolvimento e produtividade das plantas micorrízicas em condições de stress salino[66-72].

As plantas ligadas através de fungos micorrízicos em redes micorrízicas têm a capacidade de comunicar sinais de aviso através destas ligações subterrâneas. Por exemplo, comunicará o seu sofrimento às plantas vizinhas ligadas. A planta hospedeira e as suas plantas associadas emitem substâncias químicas que repelem os afídeos e atraem as vespas parasitóides, inimigos naturais dos afídeos. Esta comunicação recíproca beneficia os fungos micorrízicos, assegurando um fornecimento contínuo de nutrientes.[ ][73]

As plantas que carecem de fungos micorrízicos benéficos podem ter dificuldades em obter um bom desempenho, uma vez que estes fungos desempenham um papel crucial na ajuda às raízes das plantas na absorção dos nutrientes essenciais do solo. O crescimento das plantas pode enfrentar obstáculos quando os fungos micorrízicos não estão presentes, particularmente nas fases iniciais de sucessão ou em terrenos danificados. Quando plantas micorrízicas não nativas são trazidas para ambientes com nutrientes limitados, isso pode ser prejudicial para as plantas nativas que não têm parcerias micorrízicas. A capacidade de certas plantas de se desenvolverem em solos pobres em nutrientes é classificada como Oligo trófica.[74-78]

Os fungos têm sido associados às raízes das plantas desde meados do século XIX, mas os primeiros investigadores não aprofundaram as ligações entre os dois organismos. Franciszek Kamienski estudou e descreveu exaustivamente esta simbiose entre fungos e raízes de plantas de 1879 a 1882.[79-81]

As actividades humanas estão a emitir CO2, o que conduz a alterações climáticas e a potenciais danos para as micorrizas. No entanto, o impacto primário do aumento do CO2 deveria, de facto, beneficiar as plantas e as micorrizas. Nas regiões árcticas, as plantas enfrentam dificuldades na obtenção de azoto e água, o que torna as micorrizas essenciais para o seu crescimento. [82-84]

Os gases produzidos pelo homem, como o SO2, o NO-x e o O3, têm o potencial de prejudicar as micorrizas, levando à diminuição dos propágulos, à redução da colonização das raízes, à desintegração das ligações entre as árvores, ao declínio da presença de micorrizas nas árvores e à diminuição da atividade enzimática nas raízes ectomicorrízicas. [85]

Diferentes variedades de fungos micorrízicos

Existem dois grupos principais de micorrizas que se distinguem pela localização das hifas fúngicas em relação aos tecidos radiculares da planta. Um grupo, conhecido como endomicorrizas, tem hifas dentro das raízes, enquanto o outro grupo, conhecido como ectomicorrizas, tem hifas fora das raízes.

As endomicorrizas são ainda categorizadas em subtipos, incluindo Arbuscular (AM), Ericoide, Arbutoide (um subconjunto de Ericoide), Monotropoide (um subconjunto de Ericoide), orquidáceas e ectendomicorrizas. As micorrizas arbusculares (AM) são a forma mais prevalente de fungos endomicorrízicos (EM), caracterizadas por hifas que penetram na membrana celular das células do córtex radicular e formam vesículas.

As vesículas desempenham um papel importante na transferência de água e de nutrientes entre a planta e o fungo. As ectomicorrizas (ECM) são constituídas por uma espessa camada de hifas (micélio) que envolve a raiz e a ponta da raiz, estendendo-se nos espaços entre as células corticais.

Vantagens

Os fungos endomicorrízicos proporcionam benefícios a uma variedade de plantas do deserto e à maioria das espécies vegetais em todo o mundo.

Por outro lado, os fungos ectomicorrízicos, que representam aproximadamente 3% dos tipos de micorrizas, são mais complexos e ajudam principalmente espécies lenhosas e arbóreas.

Em geral, os fungos micorrízicos oferecem vantagens a 80 a 90 por cento das espécies vegetais.

Algumas plantas que não beneficiam das micorrizas incluem as azáleas, beterrabas, mirtilos, brócolos, couves-de-bruxelas, couve/kale, cravos, couve-flor, couves-galegas, arandos, urzes, mirtilos, mostarda, proteas, rododendros, juncos e espinafres.

Os fungos micorrízicos oferecem um benefício fundamental ao aumentarem a capacidade da planta para obter água e nutrientes essenciais como o azoto, o fósforo, o zinco, o manganês e o cobre, necessários para o crescimento da planta. Isto é conseguido através da extensão da área de absorção da raiz através de hifas. Estas hifas são mais finas do que as raízes das plantas e podem aceder a regiões que normalmente estão fora do alcance das raízes. Além disso, foram documentados outros benefícios da micorriza:

- Aumento da resistência aos agentes patogénicos
- Capacidade melhorada de resistir à seca e ao stress salino
- Maior sucesso na transplantação
- Maior rendimento das culturas graças a uma melhor floração
- Aumento da absorção de água e nutrientes
- Melhoria da estrutura da qualidade do solo

Utilização, produtos e custos

As micorrizas têm várias aplicações, tais como em vinhas, pomares, viveiros, agricultura comercial, paisagismo e iniciativas de recuperação de terras que envolvem frequentemente a utilização de fungos micorrízicos. Na agricultura biológica, a utilização de micorrizas está muito difundida. É importante notar que as micorrizas estão naturalmente presentes na maioria dos solos, tornando por vezes desnecessária a sua aquisição. Quando se cultiva em meios sem solo, pode ser necessário adicionar micorrizas, uma vez que geralmente não se encontram nesses ambientes.

Os fungos micorrízicos estão disponíveis em diferentes formas, como grânulos, pó ou soluções concentradas. Os produtos variam em termos de tipo, quantidade, os tipos de fungos e a sua contagem de esporos são considerados na escolha de um produto, juntamente com o custo que varia de um preço baixo a um preço elevado.

Utilização

Os fungos micorrízicos podem ser utilizados na agricultura, infectando diretamente as estacas ou os plugs durante o transplante, incorporando-os no meio de cultura ou no solo, ou aplicando-os através da irrigação.

A quantidade de fungos micorrízicos necessária difere consoante o produto e a área de aplicação, sendo que alguns produtos requerem apenas uma pequena quantidade, como 1 colher de chá ou 50 mililitros, se em forma líquida.

Alguns produtos comerciais de fungos micorrízicos não requerem reaplicação, embora alguns produtos possam sugerir a adição de mais após algumas semanas. O inoculante de fungos pode reproduzir-se em condições favoráveis, como a adição de cobertura vegetal e composto, mas é importante evitar a rega e a fertilização excessivas.

Factores como a irrigação, a colheita e a rotação de culturas podem ter impacto na relação entre as raízes e os fungos.

Medidas para evitar danos ou lesões

- Não armazenar o produto a temperaturas superiores a 140 F ou inferiores a 40 F.

- A utilização de quantidades elevadas de fósforo, azoto e zinco pode impedir que as micorrizas
infeção.

- O prazo de validade da maioria dos produtos varia de meses a anos.

- É melhor evitar os fungicidas, pois podem prejudicar os fungos micorrizas, que
são um tipo de fungo.

A ligação interdependente entre os fungos e as raízes das plantas

Uma zona de esgotamento de nutrientes pode ocorrer devido à rápida absorção da solução do solo, à baixa concentração de nutrientes, à lenta taxa de difusão ou à baixa humidade do solo. Estas condições são bastante comuns, pelo que a maioria das plantas depende dos fungos para as ajudar a absorver os minerais do solo. Os fungos das raízes, também conhecidos como micorrizas, formam uma relação simbiótica com as raízes das plantas. Nesta relação, os fungos tornam-se parte da estrutura física da raiz e colonizam o tecido vivo da raiz durante a fase de crescimento ativo da planta.

Através da micorrização, as plantas são capazes de extrair fosfato, zinco, cobre e outros minerais do solo. Em troca, os fungos recebem açúcares e outros nutrientes da raiz da planta. As micorrizas desempenham um papel crucial no aumento da área de superfície do sistema radicular da planta, estendendo as suas hifas para além da zona pobre em nutrientes. As hifas são longas projecções do fungo que podem penetrar em pequenos poros do solo, proporcionando à planta acesso a fósforo que de outra forma não estaria disponível.

O impacto positivo nas plantas é mais notório em solos de má qualidade, e os fungos podem obter até 20% do carbono adquirido pelas plantas. Além disso, as micorrizas actuam como uma barreira física contra os agentes patogénicos e podem induzir uma resposta geral de defesa na planta hospedeira, levando por vezes à produção de compostos antibióticos pelos fungos. Além disso, observou-se que os fungos oferecem proteção às plantas em solos ricos em metais, particularmente ácidos e contaminados.

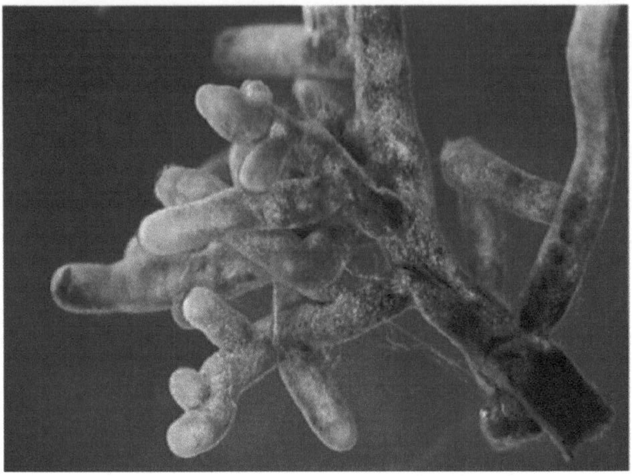

Figura (1): Micorrizas: As hifas crescem abundantemente no interior das micorrizas, o que é visível na imagem como uma substância esbranquiçada e difusa. Estas hifas aumentam significativamente a área de superfície da raiz da planta, permitindo-lhe aceder a regiões com nutrientes abundantes.

Existem dois tipos de micorrizas: as ectomicorrizas e as endomicorrizas. As ectomicorrizas criam uma bainha densa à volta das raízes, conhecida como manto. As hifas fúngicas da bainha estendem-se para o solo, aumentando a área de superfície para absorção de água e minerais. Este tipo de micorriza é comum em árvores florestais, particularmente coníferas, bétulas e carvalhos. As endomicorrizas, também conhecidas como micorrizas arbusculares, não formam uma bainha densa em torno da raiz, mas têm o micélio fúngico incorporado no tecido da raiz. As endomicorrizas estão presentes nas raízes de mais de 80 por cento das plantas terrestres.

Figura (2): Ectomicorrizas: As ectomicorrizas criam coberturas, conhecidas como mantos, que envolvem as raízes das plantas, como mostra esta ilustração.

Pontos-chave

- Uma vez que o solo é frequentemente carente de nutrientes, muitas plantas estabelecem relações benéficas conhecidas como micorrizas com fungos que se tornam parte do sistema radicular da planta.

• A relação simbiótica entre plantas e fungos baseia-se na troca de fosfato e outros minerais do fungo para a planta, enquanto a planta fornece açúcares ao fungo através das suas raízes.

• As estruturas alongadas do fungo, conhecidas como hifas, servem para expandir o

A área de superfície das raízes da planta, permitindo-lhes chegar para além das áreas de nutrientes esgotados.

- As ectomicorrizas são um tipo específico de micorrizas que criam uma cobertura densa

As endomicorrizas têm o micélio incorporado no tecido da raiz, em vez de formar um manto.

- As endomicorrizas envolvem a integração do micélio no tecido radicular, em vez de

do que a envolverem com um manto, e encontram-se normalmente nas raízes da maioria das plantas terrestres.

Termos-chave

- A micorriza é uma relação mutuamente benéfica entre um fungo e as raízes de uma planta vascular.
- Uma hifa é uma estrutura filamentosa longa e ramificada de um fungo que serve como

modo primário de crescimento vegetativo.

- O micélio é a parte vegetativa de um fungo, que é composta por uma massa

de hifas ramificadas e filamentosas, frequentemente encontradas no subsolo.

O impacto mundial dos fungos micorrízicos na utilização global de nutrientes pelas plantas

Os fungos micorrízicos são essenciais no microbioma da planta, uma vez que aumentam a capacidade da planta de alcançar os nutrientes e a água do solo. Os dois principais tipos de fungos micorrízicos, os fungos micorrízicos arbusculares (AM) e os fungos ectomicorrízicos (EM), estabelecem ligações simbióticas com as raízes da maioria das plantas em todo o mundo.

Uma teoria convencional em ecologia de ecossistemas sugere que as parcerias AM e EM incorporam abordagens distintas para a aquisição de nutrientes. [86- 89].

As plantas que formam associações com fungos micorrízicos arbusculares (AM) dependem do azoto inorgânico do solo e são predominantes em ambientes com rápida reciclagem de azoto e elevadas taxas de mineralização do azoto. Em contraste, as plantas que formam associações com fungos ectomicorrízicos (EM) florescem em ambientes com reciclagem lenta de azoto e baixas taxas de mineralização de azoto no solo. [90-93].

A capacidade dos fungos EM de decomporem e absorverem o azoto orgânico do solo permite isto. Na América do Norte, a poluição antropogénica por azoto inorgânico levou a uma mudança na composição das florestas, favorecendo as espécies de árvores associadas aos AM em detrimento das associadas aos EM. [94, 95].

Embora estes argumentos girem principalmente em torno da

nutrição azotada das plantas e da dicotomia entre associações AM e EM, se os fungos ectomicorrízicos dão prioridade à aquisição de fósforo extracelular em relação aos fungos micorrízicos arbusculares, este conceito pode também ser relevante para as estratégias de aquisição de fósforo pelas plantas. [93. 96, 97].

As diferenças nas taxas de ciclo dos nutrientes do solo nos ecossistemas) levam à hipótese de que a associação micorrízica de uma planta está ligada às suas caraterísticas económicas relacionadas com a aquisição de nutrientes.

Especificamente, as plantas associadas aos fungos AM podem ser favorecidas por possuírem caraterísticas que promovem a aquisição de nutrientes, enquanto as plantas associadas aos fungos EM podem ser favorecidas por possuírem caraterísticas que conservam os nutrientes. [88, 98].

Presume-se que existam ligações entre as associações micorrízicas e as caraterísticas nutricionais das plantas, mas existem provas contraditórias quanto ao facto de as espécies de plantas associadas a fungos micorrízicos arbusculares (AM) ou ectomicorrízicos (EM) variarem sistematicamente nestas caraterísticas.

Estudos que envolvem milhares de espécies de plantas de várias regiões do mundo não mostram qualquer diferença significativa na concentração de azoto ou fósforo nas folhas das plantas associadas a diferentes tipos de fungos [99, 100].

Estudos recentes revelaram que existe uma variação na forma como as plantas absorvem os nutrientes das suas folhas, com as plantas micorrízicas arbusculares (AM) a absorverem mais azoto nas regiões tropicais e as plantas ectomicorrízicas (EM) a absorverem mais fósforo nas regiões mais frias.

É importante notar que as caraterísticas das plantas, as associações com fungos micorrízicos e os antecedentes evolutivos das plantas estão todos interligados e não são entidades separadas. [101-[104].

A investigação sobre plantas EM centra-se principalmente em linhagens de Pinaceae ou Fagales, o que torna difícil determinar se os resultados são afectados por diferenças nos hábitos micorrízicos ou se a associação micorrízica funciona como um indicador de ligações importantes entre caraterísticas das plantas e a sua história evolutiva.

As disparidades observadas podem resultar de caraterísticas partilhadas em determinados clados de plantas que evoluíram separadamente da associação micorrízica das plantas, juntamente com uma seleção tendenciosa de clados de plantas ao longo da filogenia das plantas.

Para determinar se os grupos de espécies apresentam diferenças consistentes numa caraterística específica, é crucial ter em conta a história evolutiva. [105, 106].

Além disso, estudos anteriores examinaram principalmente os níveis de nutrientes nas folhas, mas as variações nas estratégias nutricionais das plantas entre associações micorrízicas podem ser mais influenciadas por caraterísticas abaixo do solo do que por caraterísticas acima do solo.

Este facto está de acordo com a decomposição mais lenta da

folhada radicular nas plantas ectomicorrízicas em comparação com as plantas micorrízicas arbusculares. É importante notar que as plantas atribuem uma quantidade significativa de carbono às raízes finas, por vezes ultrapassando mesmo o que é investido na folhagem acima do solo.

Consequentemente, as diferenças nas estratégias de aquisição de nutrientes pelas plantas podem ser mais evidentes nos níveis de nutrientes nas raízes do que nas concentrações encontradas nas folhas verdes ou senescentes. [107-109]

Para além das diferenças nas estratégias nutricionais entre os diferentes tipos de micorriza, a teoria biogeoquímica sugere que as plantas passam por uma transição da limitação por azoto para a limitação por fósforo à medida que se deslocam.

De acordo com as previsões, as plantas dos ecossistemas das regiões boreal-árcticas de alta latitude com solos jovens deverão enfrentar restrições em termos de azoto. Por outro lado, prevê-se que as plantas das florestas tropicais das regiões de baixa latitude, com solos velhos e muito degradados, sofram limitações principalmente devido ao fósforo. [110, 111].

Se as plantas que formam associações ectomicorrízicas (EM) forem naturalmente mais cautelosas na utilização de nutrientes do que as plantas que formam associações micorrízicas arbusculares (AM), e se o nutriente chave que restringe o crescimento das plantas mudar, pode prever-se que as plantas EM utilizarão o azoto de forma mais conservadora em latitudes mais elevadas e o fósforo de forma mais conservadora em latitudes mais baixas, em comparação com as plantas

AM.

Por outro lado, se as estratégias para o azoto e o fósforo estão intrinsecamente ligadas a uma estratégia nutricional global nas plantas, então pode ser colocada a hipótese de que as plantas EM serão mais conservadoras na sua utilização de azoto e fósforo em comparação com as plantas AM em todas as latitudes.

Avaliámos a nossa capacidade de identificar variações dignas de nota Foram observadas diferenças nas caraterísticas económicas dos nutrientes das plantas em diferentes tipos de associações micorrízicas e zonas latitudinais, o que pode ser atribuído a variações nos dados disponíveis. Para explorar este facto, os investigadores compararam as distribuições de estimativas de caraterísticas micorrízicas com tamanhos de efeito notáveis, tendo em conta o tamanho da amostra e as relações filogenéticas.

Fig. 3

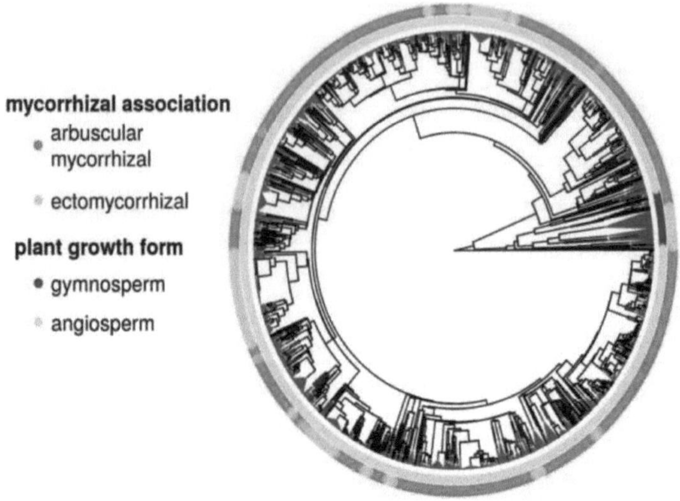

É apresentada a linhagem de todas as espécies de plantas incluídas neste estudo. O círculo interior distingue entre angiospérmicas (laranja) e gimnospérmicas (púrpura), enquanto o círculo exterior indica se uma espécie é arbuscular (azul) ou ectomicorrízica (verde).

Na maioria das caraterísticas medidas, houve um padrão consistente de espécies de plantas ectomicorrízicas mostrando um maior nível de conservadorismo no uso de nutrientes. Os efeitos mais pronunciados foram observados nas caraterísticas do azoto em todas as latitudes. Nas regiões de clima temperado, onde se dispunha de mais dados, as plantas ectomicorrízicas também apresentaram um maior conservadorismo nas caraterísticas do fósforo. A relação entre o azoto foliar verde e a associação micorrízica foi robusta e consistente em diferentes zonas latitudinais.

É importante notar que, mesmo que os efeitos principais e as interações das zonas latitudinais não sejam estatisticamente significativos, podem ainda assim ter um impacto nas diferenças AM-

EM dentro dessas zonas devido à incerteza relacionada com as variações nas dimensões das amostras entre latitudes. Isto acontece frequentemente quando uma pequena dimensão da amostra numa zona latitudinal específica conduz a uma elevada incerteza nos parâmetros latitudinais, o que afecta as estimativas das caraterísticas micorrízicas específicas dessa latitude.

Os valores de N foliar senescente mostraram variações dependendo da zona latitudinal e do tipo de associação micorrízica. Em latitudes boreais e temperadas, as plantas EM apresentaram valores de N foliar senescente 35% a 48% menores em comparação com as plantas AM, o que foi estatisticamente significativo com valores de P Bayesiano $<0,05$.

Fig. 4

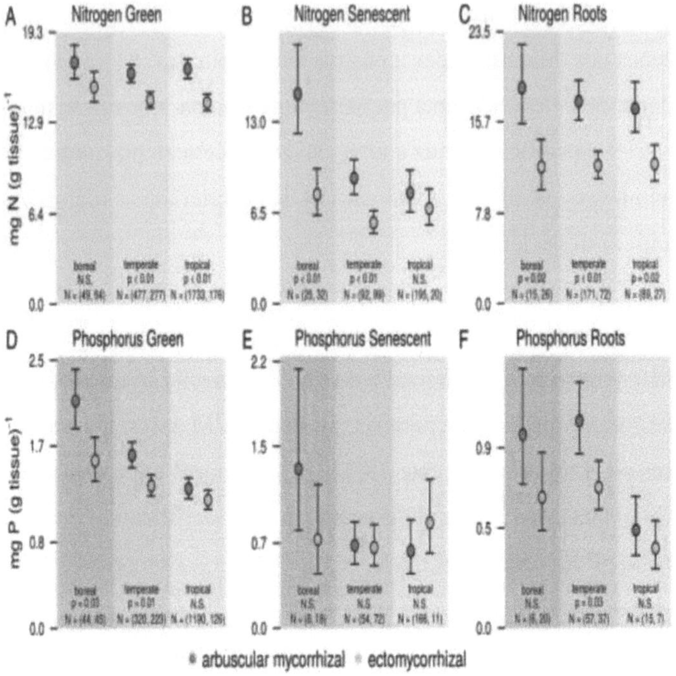

O contraste entre as caraterísticas arbusculares e ectomicorrízicas foi avaliado através da determinação de uma posterior específica da latitude, juntamente com o seu intervalo de credibilidade de 95%.

Também se registaram variações nas respostas de P foliar senescente com base na zona latitudinal, no entanto, estas foram mais inconsistentes, provavelmente devido a amostras de menor dimensão. Não houve diferenças significativas no P foliar senescente entre os tipos de micorrizas AM e EM. As concentrações de P na raiz foram influenciadas pela zona latitudinal, com a associação de fungos micorrízicos desempenhando um papel crucial na previsão das concentrações de P na raiz.

Os investigadores descobriram que a filogenia desempenhava um papel significativo na explicação da variação de muitas caraterísticas. Ao examinar as caraterísticas das plantas utilizando apenas a distância filogenética, foi observado um forte sinal filogenético nas caraterísticas das plantas. A análise mostrou que a filogenia podia explicar 15% a 38% da variação nos valores das caraterísticas das plantas, dependendo da caraterística específica (Fig. 5).

Quando examinámos as diferenças entre as caraterísticas das plantas AM e EM em latitudes temperadas, os valores das caraterísticas variaram frequentemente de forma significativa quando se teve em conta a filogenia. No entanto, as diferenças qualitativas gerais entre as duas associações permaneceram consistentes. A consideração da filogenia tendeu a aumentar a incerteza nos parâmetros devido à autocorrelação residual, levando a uma diminuição do poder estatístico. No entanto, este aumento da incerteza não ofuscou as variações significativas observadas nas caraterísticas económicas dos nutrientes entre as plantas EM e AM nas latitudes temperadas.

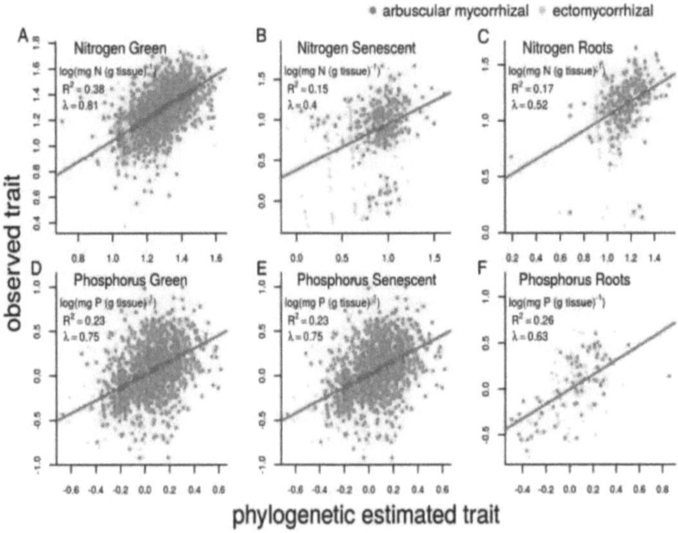

As relações entre os valores previstos e observados que não foram estatisticamente significativas são indicadas por linhas tracejadas. Lamento, mas parece que não existe nenhum texto para parafrasear. Por favor, forneça o texto que gostaria que eu parafraseasse.

Isto pode dever-se à forte estrutura filogenética dos traços e aos clados filogenéticos distintos das plantas angiospérmicas e gimnospérmicas, limitando a capacidade de detetar diferenças significativas entre estes clados utilizando a abordagem filogenética.

Quando se considera o clima, os efeitos da precipitação média anual foram mais comuns do que os da temperatura média anual, possivelmente porque o modelo já contabilizou os potenciais efeitos da temperatura ao incluir a zona latitudinal. É de notar que os efeitos da latitude nos valores das caraterísticas devem ser considerados na interpretação destes resultados relacionados com o clima.

O conceito de que as plantas associadas a fungos micorrízicos arbusculares (AM) e ectomicorrízicos (EM) têm diferentes estratégias de aquisição de nutrientes é importante nas teorias ecológicas centradas nas relações micorrízicas. [86, 88, 89].

Nas regiões tropicais, não se registaram diferenças gerais nas caraterísticas P, embora a falta de distinções significativas possa ser atribuída à limitação de dados nas zonas boreais e tropicais. As variações consistentes nas caraterísticas acima e abaixo do solo entre plantas EM e AM indicam que o tipo de simbiose micorrízica tem uma influência substancial na evolução das caraterísticas das plantas.

Os resultados apoiam as teorias existentes em ecologia de ecossistemas que retratam as plantas AM e EM como diferentes estratégias de aquisição de nutrientes e modelos de ecossistemas que utilizam a dinâmica da simbiose micorrízica para melhorar a representação das interações nos ciclos de carbono e nutrientes dos ecossistemas. [88, 89, 112- 114].

As espécies de plantas EM exibiram níveis significativamente mais baixos de azoto nas suas folhas verdes em comparação com as espécies de plantas AM. [99, 100].

O exame é visto como cauteloso, mas é limitado na sua força estatística devido à sua incapacidade de incorporar todos os dados ao nível das espécies num único teste. A nossa investigação utiliza uma estratégia filogenética para integrar dados de observações individuais ao nível das espécies, melhorando assim o poder estatístico e permitindo um melhor reconhecimento das variações entre plantas EM e AM, tal como indicado em estudos anteriores. Uma análise filogenética exaustiva das concentrações de N na raiz não revelou qualquer diferença discernível entre as plantas AM e EM, apesar de a maioria das plantas AM

observações envolvendo plantas não lenhosas, sugerindo um potencial sub-representação das plantas lenhosas na análise. [115, 116]

Numerosos estudos anteriores que compararam as caraterísticas micorrízicas arbusculares (AM) e ectomicorrízicas (EM) não tiveram em conta a autocorrelação filogenética, especialmente ao nível dos sítios individuais. Os nossos resultados são consistentes com investigações anteriores ao nível do local em diferentes áreas geográficas que mostram diferenças nas caraterísticas económicas dos nutrientes AM e EM. [117- 119]

Embora a contabilização da filogenia possa ter um impacto significativo nas estimativas dos parâmetros, o nosso estudo indica que as conclusões anteriores das comparações entre AM e EM podem continuar a ser verdadeiras. No entanto, é de notar que os estudos com amostras de pequena dimensão podem resultar em inferências enviesadas. O principal objetivo da nossa análise foi abordar uma questão que exigia a consideração de uma vasta gama de espécies de plantas em toda a filogenia. Os nossos resultados não devem ser mal interpretados como uma rejeição da validade das conclusões retiradas de estudos que incidem sobre um número mais reduzido de espécies num único local.

A distribuição do N foliar verde e do N radicular mostrou padrões semelhantes em diferentes latitudes, contradizendo estudos anteriores que forneceram níveis variáveis de apoio a estratégias coordenadas de nutrientes entre os sistemas foliar e radicular. [119]

A nossa análise indica que parte desta diferença pode ser atribuída Estudos anteriores não tiveram em conta as variações na associação micorrízica das plantas. No entanto, neste conjunto de dados específico, as correlações diretas entre o azoto foliar verde ao nível das espécies e o azoto radicular são fracas ($R2 = 0,04$; $P < 0,001$). É possível que esta correlação se torne mais evidente quando as espécies são agrupadas em categorias funcionais, como demonstrado neste estudo. A investigação futura deve explorar a relação entre as caraterísticas acima e abaixo do solo, com especial atenção para o tipo primário de associação micorrízica como um potencial fator de influência, para além de outros factores que afectam as concentrações de nutrientes foliares e radiculares, tal como discutido neste estudo e em investigações anteriores. [119].

Verificámos uma variação significativa nas caraterísticas dentro da mesma espécie. Cerca de 60% das diferenças nos níveis de azoto nas folhas e raízes das plantas em envelhecimento deveram-se a variações dentro da espécie, embora reconhecendo que o nosso método também tem em conta a incerteza dos parâmetros e das observações ao estimar a variação intra-específica. Estudos anteriores demonstraram que as relações de caraterísticas dentro de uma espécie podem diferir significativamente das relações económicas entre diferentes espécies de plantas [120].

O nosso estudo concentrou-se nas reacções médias das caraterísticas, mas variações significativas dentro das espécies sugerem que os factores ambientais e a adaptação às condições locais também podem influenciar as estratégias nutricionais das plantas. Além disso, o exame das variações de caraterísticas ao nível das espécies poderia fornecer mais informações sobre a economia das plantas, embora fosse necessário um conjunto de dados mais extenso para essa análise. De um modo geral, os níveis de azoto e fósforo na folhagem diminuíram em direção ao equador, com o fósforo a diminuir mais sensivelmente do que o azoto, em conformidade com estudos mundiais anteriores sobre concentrações de nutrientes foliares. [110].

Embora se tenha verificado que as plantas EM são mais conservadoras na sua utilização do azoto em comparação com as plantas EM em várias latitudes, não há provas sólidas que indiquem que as plantas AM sejam consideravelmente menos conservadoras com o fósforo em comparação com as plantas EM em regiões tropicais.

As variações significativas no conteúdo de fósforo entre plantas EM e AM em latitudes mais frias podem implicar uma diferença fundamental na forma como os nutrientes micorrízicos são utilizados em ecossistemas tropicais. É importante notar que houve observações mínimas das caraterísticas das plantas EM em regiões tropicais, o que não se deve provavelmente à falta de plantas EM nesses ecossistemas. Embora as plantas AM sejam predominantes nas terras baixas neotropicais, as florestas EM são dominantes em regiões como o nordeste da América do Sul, a África central e o sudeste da Ásia. [121]

O aumento da variedade de espécies de plantas tropicais estudadas em termos de interações ectomicorrízicas (EM) pode ajudar a esclarecer as diferenças nas estratégias de aquisição de nutrientes das plantas em diferentes latitudes. A nossa investigação apoia a ideia de uma ligação entre as plantas e o ambiente de nutrientes do solo, influenciada pelos fungos micorrízicos, que leva à seleção de caraterísticas das plantas que promovem um ciclo rápido ou lento de nutrientes nos ecossistemas micorrízicos arbusculares (AM) e EM. No entanto, há outros cenários evolutivos possíveis a considerar. É possível que existisse uma variação significativa nas caraterísticas de eficiência nutricional das plantas antes da evolução da simbiose EM, e que a simbiose EM só tenha evoluído em espécies de plantas que já eram eficientes na utilização de nutrientes. Alternativamente, também é possível que o desenvolvimento da simbiose EM tenha resultado na evolução de caraterísticas fúngicas relacionadas com a aquisição de nutrientes orgânicos, tais como a produção de enzimas para decompor o azoto e o fósforo orgânicos. No entanto, estudos recentes sobre fungos sugerem que estas caraterísticas já estavam presentes nos antepassados dos fungos ectomicorrízicos quando estes eram saprotróficos. [91, 122].

No entanto, a capacidade dos fungos EM de adquirirem azoto orgânico e fósforo após o estabelecimento desta simbiose específica, é possível que tenha havido um melhoramento ou um reforço de certas caraterísticas. A evolução das caraterísticas não foi especificamente estudada na nossa investigação; no entanto, indica uma correlação potencial entre as caraterísticas de aquisição nutricional das plantas e dos organismos micorrízicos que evoluem em conjunto devido ao feedback ecológico e evolutivo.

Numerosas teorias em ecologia vegetal e de ecossistemas não dão importância à compreensão da ecologia nutricional das plantas ou das interações no ciclo de carbono e nutrientes dos ecossistemas através da simbiose micorrízica. [89]. Neste estudo, é demonstrado que a diferença entre a simbiose micorrízica arbuscular (AM) e ectomicorrízica (EM) é um indicador de várias caraterísticas da planta associadas a estratégias de aquisição de nutrientes eficientes ou cautelosas. A análise económica original das folhas indicava a importância potencial das micorrizas. [123].

Esta investigação apresenta uma demonstração a uma escala semelhante à da apresentação inicial. Além disso, embora este exame se concentre nas concentrações de nutrientes nas plantas, estas caraterísticas estão associadas a síndromes de caraterísticas maiores e, como resultado, a nossa análise posiciona as plantas AM e EM em extremos opostos do espetro económico das plantas. Isso tem repercussões significativas para a função do ecossistema, uma vez que vários fatores de mudança global estão alterando a proporção de EM para espécies de plantas AM. [94,95,119, 124], o que sugere que as caraterísticas da economia das plantas também estão a mudar. Uma investigação mais aprofundada sobre as estratégias económicas das plantas, que tenha em conta as associações micorrízicas, poderá fornecer informações sobre a distribuição nutricional das plantas e as limitações dos ecossistemas no contexto das alterações ambientais globais, indicando potencialmente as condições futuras do planeta.

Bactérias auxiliares que apoiam as micorrizas para regular a infecciosidade do solo micorrízico

Para fazer face ao aumento projetado da população mundial para 9 mil milhões de pessoas até 2050, a produção agrícola terá de ser realizada nos países em desenvolvimento; prevê-se que a população duplique, enquanto noutras regiões do mundo o aumento será de 70%. [126, 127].

A produtividade de certas terras foi reduzida para metade devido à erosão e à desertificação dos solos. Em África, a diminuição do rendimento fértil varia entre 2 e 40%, com uma perda média de 8,2% em todo o continente. Estes fenómenos estão frequentemente associados a alterações da cobertura vegetal, como a diversidade e a abundância das espécies, bem como a alterações das caraterísticas do solo, como a sua estrutura, o teor de nutrientes e as funções microbianas. [128- 130].

Consequentemente, a utilização de fertilizantes pode diminuir devido ao aumento dos custos e às preocupações com os danos ambientais. [131-134]. As condições ambientais previstas devido aos cenários de alterações climáticas deverão agravar o impacto do stress abiótico na produtividade agrícola.

Esta situação será agravada pelo aumento da procura de alimentos por parte de uma população mundial em crescimento, criando um desequilíbrio significativo entre a oferta e a procura[135].

A resolução deste desequilíbrio será um desafio importante para promover uma agricultura sustentável do ponto de vista ambiental e eficiente e frutuosa.

Para enfrentar os desafios crescentes na agricultura, os peritos recomendam a incorporação de processos essenciais dos ecossistemas naturais nas técnicas agrícolas. [127, 128].

Em muitos casos, os ecossistemas intactos ajudam a manter a saúde das plantas e dos solos a um nível elevado[136-142].

A relação simbiótica entre plantas e fungos pode ser vista como um sinal de boa saúde do solo. Existem diferentes tipos de simbiose micorrízica, incluindo as micorrizas arbusculares, as ectendomicorrizas e as ectomicorrizas.

A investigação demonstrou que estes microrganismos são importantes para melhorar a absorção de água e de nutrientes pelas plantas, bem como para a defesa contra os agentes patogénicos das raízes e contra os animais que as percorrem. No entanto, também podem prejudicar a planta hospedeira ao utilizarem uma parte significativa do solo invadido pelas raízes. [142, 143]

Esta relação simbiótica pode ser utilizada na agricultura e na silvicultura para melhorar os esforços de restauração e aumentar os rendimentos. Para além de melhorarem a nutrição e a imunidade das plantas, os fungos micorrízicos também têm o potencial de ajudar na limpeza de ambientes poluídos através da acumulação de metais. [142, 144, 145].

Vários estudos mostraram a importância da utilização de fungos micorrízicos para avaliar a saúde do solo e das plantas. De acordo com Gupta et al. (2020) [143], as micorrizas servem não só como indicadores, mas também como factores determinantes da saúde do solo.

A interação entre as espécies vegetais e o fungo simbiótico proporciona vários benefícios à planta, tais como o aumento da nutrição da planta através de uma melhor absorção de água, fósforo, cobre, zinco e azoto [146-148].

Além disso, a libertação de compostos carbonados cria a micorrizosfera, estimulando a produção de fitohormonas como o ácido abscísico [150]. Esta relação simbiótica também aumenta a resistência das plantas às pressões bióticas e abióticas [151], melhorando simultaneamente a estrutura e a estabilidade do solo [152].

A reciclagem de nutrientes e a biodiversidade são consideradas diferenças significativas entre os ecossistemas naturais e os sistemas agrícolas, principalmente devido à utilização extensiva de fertilizantes para aumentar a produção agrícola.

Existem duas formas de incorporar os FMA nos métodos de cultivo: um método envolve a utilização de inoculantes fúngicos específicos adaptados a condições particulares, conhecido como micorrização controlada, enquanto a outra abordagem se centra na preservação, melhoria ou revitalização da variedade de FMA nativos. [153, 154] (Fig. 6).

Fig. 6

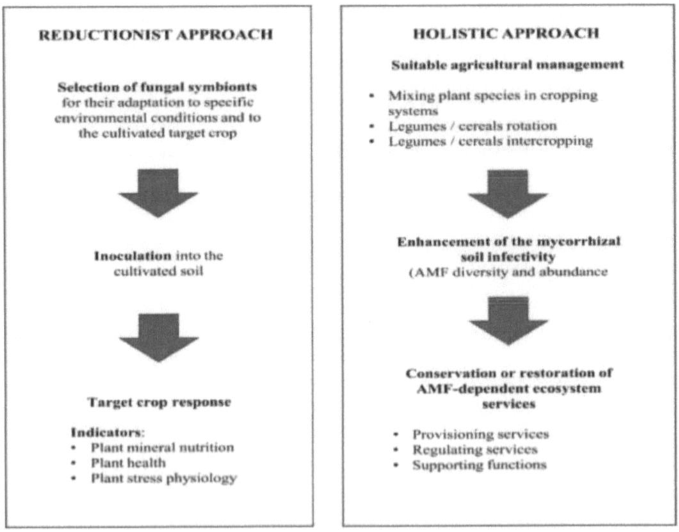

Fig. (6): Métodos para garantir a incorporação de FMA nas técnicas agrícolas do ponto de vista técnico

A utilização de uma única estirpe de FMA para restaurar ou preservar todos os serviços ecossistémicos da simbiose pode colocar desafios. Embora tenham sido efectuados muitos estudos sobre a simbiose dos FMA, a informação sobre a gestão dos FMA em condições de campo de uma forma reducionista é limitada. [155].

Numerosos estudos científicos centrados na simbiose micorrízica examinaram principalmente as interações entre componentes biológicos individuais (planta hospedeira/AMF), o que resultou num enfoque na investigação da interação bipartida. Em contrapartida, em condições naturais, as plantas escolhem ativamente os seus hospedeiros microbianos a partir de uma variedade de reservatórios microbianos circundantes. As associações entre

"Plantas/Microrganismos" não são estabelecidas ao acaso, mas são influenciadas por numerosas condições e factores, incluindo o tipo de solo, o sistema imunitário da planta, a fase de desenvolvimento da planta, a estação do ano, o genótipo e as espécies hospedeiras. [136, 142]

Além disso, é amplamente conhecido que vários grupos de bactérias e fungos desempenham um papel no metabolismo e no funcionamento das associações micorrízicas. A investigação demonstrou que certas bactérias podem ser encontradas dentro ou nas paredes dos esporos dos FMA, bem como no citoplasma. Uma via potencial para melhorar o êxito dos inoculantes fúngicos artificiais no terreno poderia ser o desenvolvimento de inoculantes complexos que incluam estirpes de fungos micorrízicos e biofertilizantes microbianos. [155, 156].

Por conseguinte, os biofertilizantes microbianos são geralmente escolhidos com base em caraterísticas agronómicas específicas, como a solubilização de P e a fixação de N, sem ter em conta os seus efeitos sobre os simbiontes fúngicos ou o estabelecimento de fungos micorrízicos arbusculares (FMA). Uma abordagem poderia ser selecionar estirpes bacterianas que possam melhorar o estabelecimento e o funcionamento da simbiose micorrízica, a fim de melhorar o desempenho da introdução de FMA no crescimento das plantas. [139, 140].

As micorrizas e as bactérias: Uma parceria tripla no mutualismo.

O termo "Mycorrhizae Helper Bacteria" descreve bactérias capazes de melhorar a relação entre as raízes das plantas e os fungos micorrízicos, o que ajuda na promoção selectiva da simbiose. As MHB foram categorizadas em dois grupos diferentes de acordo com as suas funções específicas. . [157]:

(i) As bactérias auxiliares da micorriza influenciam as actividades de uma simbiose AMF já existente, enquanto que

(ii) as bactérias auxiliares de micorrização ajudam na formação de simbiontes fúngicos nas plantas. Ambos os tipos são conhecidos como MHB, mas podem ser diferenciados pelas suas localizações habituais perto dos sistemas radiculares, como a hiposfera, a micorrizosfera e os esporocarpos. (Fig. 7) [201].

Vários MHB foram inicialmente identificados no AMF Rhizophagus. Após esta descoberta, foram registados muitos casos de interações benéficas entre os FMA e as bactérias. As bactérias que apresentam caraterísticas de MHB dividem-se em duas categorias: Proteobactérias Gram-negativas, como a Agrobacterium. Fig. 7

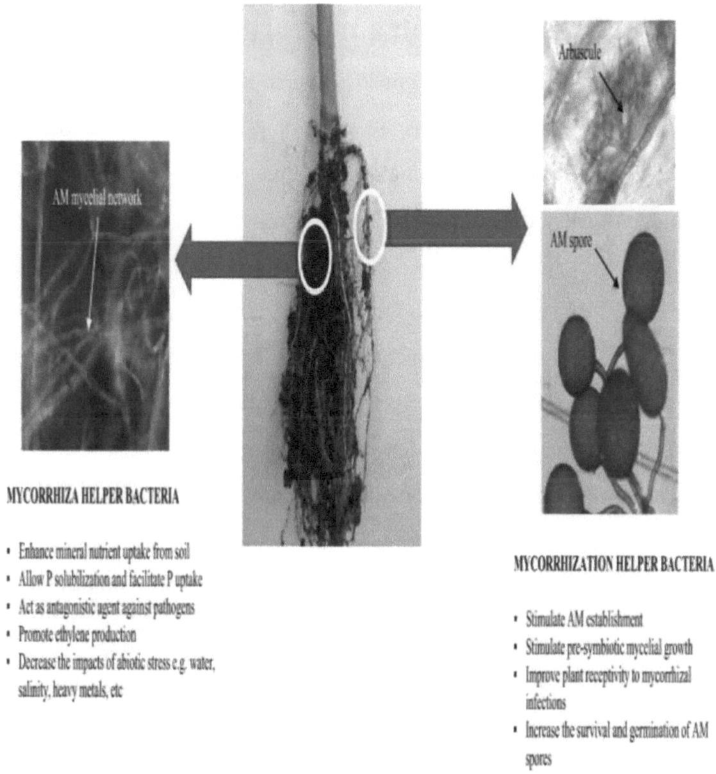

Fig. (7): Disposição espacial e papéis das bactérias que ajudam na formação e função micorrízica [201].

Exemplos de bactérias Gram-negativas com capacidades de promoção do crescimento das plantas também foram reconhecidos pelos seus efeitos semelhantes na promoção do crescimento das plantas. Alguns investigadores sugeriram que o impacto benéfico destas bactérias nas plantas pode ser atribuído ao seu papel na promoção do crescimento das plantas. [164]

Interações entre microrganismos

Foram desenvolvidos vários mecanismos para permitir a coexistência de diferentes espécies microbianas no mesmo ambiente e promover um crescimento saudável de vários microrganismos. A comunicação entre diferentes espécies microbianas é crucial para a sua sobrevivência. As secreções químicas desempenham um papel fundamental na comunicação microbiana intra-específica e inter-específica, regulando as interações em vários ambientes ecológicos. Este processo é conhecido como deteção de quorum. [165, 166]

Os microrganismos são capazes de produzir e detetar sinais de pequenas moléculas num processo conhecido como Quorum Sensing. Em reação a este processo, a expressão de vários genes pode ser alterada e ajustada. Estes sinais, também conhecidos como auto-indutores ou sinais QS, podem acumular-se à volta da célula e fornecer pormenores sobre as condições ambientais, os padrões de transporte e o número e tipos de micróbios próximos. [167]

Os auto-indutores têm a capacidade de influenciar a transcrição de numerosos genes regulados pelo Quorum Sensing, incluindo os envolvidos na formação de biofilmes e outros factores.

Por outro lado, a "alimentação cruzada" funciona como um mecanismo crucial nas interações entre micróbios, ajudando a manter a cooperação e a atingir um crescimento ótimo em condições ambientais variáveis. [168, 169]. Por exemplo, num estudo realizado por Pande et al. em 2013, dois mutantes de Escherichia coli que não produzem aminoácidos foram capazes de se complementar produzindo quantidades excessivas do aminoácido. O estudo também demonstrou que, quando cultivados juntos, esses mutantes exibiram maior aptidão em comparação com a E. coli de tipo selvagem sozinha.

Além disso, a investigação indicou que esta relação complementar pode estender-se para além da coexistência bactéria-bactéria e incluir combinações bactéria-fungo.

Estas tácticas permitem que os micróbios sobrevivam e se desenvolvam em ambientes difíceis. [170- 172]

Interação mutualista entre o hospedeiro e o micróbio

A interação entre o MHB e os micróbios é semelhante à interação entre diferentes micróbios, como já foi referido.

No caso da interação MHB-micróbios, a comunicação também ocorre através da secreção de substâncias químicas. [166].

A interação entre a MHB e a AMF

A relação entre a MHB e a simbiose AMMycorrhizal é frequentemente afetada pela existência de outros microrganismos, principalmente bactérias na rizosfera.

Estas bactérias têm a capacidade de interagir seletivamente com o microbioma na rizosfera, resultando em impactos neutros, negativos ou positivos na formação e manutenção de associações micorrízicas.

Descobriu-se que algumas bactérias melhoram a micorrização, o que levou à criação do termo "bactérias auxiliares de micorrização" por Duponnois & Garbaye em 1991. [173] descrevendo bactérias que promovem o estabelecimento da simbiose raiz-fungo.

Além disso, a estrutura do solo, as pressões ambientais, a competição por nutrientes e a composição do microbioma do solo contribuem para determinar a colonização de MHB e AMF. [151, 174].

Um aumento da temperatura pode também interferir com o estabelecimento de MHB/AMF devido ao seu impacto nos microbiomas do solo, que desempenham um papel crucial na interação entre plantas, AMF e MHB. [174]

Durante a simbiose com fungos micorrízicos arbusculares (FMA), as plantas são capazes de gerar sinais moleculares que afectam e regulam as redes genéticas dos fungos. [161, 176-180].

As bactérias que contribuem para a micorrização e o processo de germinação dos esporos dos FMA

Vários microrganismos, como Pseudomonas, Flexibacter, Cellvibrio, Chondromyces e Lysobacter, foram descobertos através de uma combinação de técnicas dependentes e independentes da cultura.

Além disso, géneros como Bacillales, Burkholderiales, Actinomycetales, Rhizobiales e Pseudomonadales também foram identificados utilizando estes métodos.

Segundo a documentação, foram observados vários géneros como Bacillus, Paenibacillus, Rhizobium, Sinorhizobium, Arthrobacter, Streptomyces, Pseudomonas, Herbaspirillum e Massilia no interior de esporos de FMA.

As Mycorrhiza Helper Bacteria (MHB) foram identificadas nas camadas da parede celular dos esporos de vários fungos micorrízicos, tais como Glomus clarum NT4, Glomus versiforme, Gigaspora margarita, Funneliformis mosseae e Rhizophagus intraradices. Uma forma pela qual o MHB tem impacto no estabelecimento da simbiose micorrízica é através da promoção da germinação de esporos. [183-185]

O estudo inicial sobre este mecanismo indicou que o crescimento de Funneliformis mosseae foi reforçado tanto pelo MHB como pelos seus filtrados de cultura. Outras investigações propuseram mecanismos adicionais, incluindo a produção de vários compostos pelo MHB, como o CO2 e o 2-metilisoborneol, que regulam a germinação dos esporos. [179]

O estudo inicial sobre este mecanismo indicou que o crescimento de Funneliformis mosseae foi reforçado tanto pelo MHB como pelos seus filtrados de cultura. Outras investigações propuseram mecanismos adicionais, incluindo a produção de vários compostos pelo MHB, como o CO2 e o 2-metilisoborneol, que regulam a germinação dos esporos. [186].

- O estudo inicial sobre este mecanismo indicou que o crescimento de Funncliformis
  mosseae foi reforçada tanto pelo MHB como pelos seus filtrados de cultura. Outras investigações propuseram mecanismos adicionais, incluindo a produção de vários compostos pelo MHB, como o CO2 e o 2-metilisoborncol, que regulam a germinação dos esporos. [185]
- A importância do contacto físico direto também foi salientada no impacto positivo do MHB na germinação de esporos. [184, 187].
- A produção enzimática de MHB, como a celulase, a quitinase e a protease, pode
  aumentam a germinação dos esporos. As estirpes de actinomicetos produzem quitinase que degrada o principal componente da parede celular dos esporos fúngicos. [162, 188].

Foram propostas explicações alternativas para compreender o impacto das bactérias auxiliares micorrízicas no estabelecimento dos fungos micorrízicos, incluindo a teoria de que aumentam a capacidade das raízes das plantas para interagir com os FMA, criando mais locais de infeção. Estudos adicionais também encontraram evidências de moléculas de sinalização envolvidas neste processo[189].

MHB regula as redes de genes fúngicos envolvidos na simbiose

AMF. Estudos demonstraram que a co-cultura de Glomus fistulosum com Pseudomonas putida MHB ou com o seu sobrenadante de cultura promove um aumento do crescimento do fungo simbionte. [190, 191]

Solo afetado pela Biodiversidade do Habitat Microbiano

Está provado que as técnicas de agricultura intensiva reduzem o número de FMA nos solos agrícolas. A adição de MHB pode ajudar a melhorar os benefícios oferecidos pelos simbiontes fúngicos no ecossistema. Isto pode melhorar as funções do solo rizosférico, resultando numa melhor qualidade do solo e num maior rendimento das culturas. [192, 193]

A MHB tem um impacto indireto na fertilidade do solo ao libertar compostos químicos essenciais para a comunicação entre as várias comunidades microbianas do solo. Estas interações através de moléculas conduzem a alterações nas caraterísticas do solo. [194]

Desenvolvimento de inoculantes de fungos micorrízicos arbusculares (FMA) contendo estirpes de bactérias auxiliares micorrízicas benéficas (MHB) em contextos agrícolas reais

Foi demonstrado num estudo que uma estirpe específica de pseudomonas fluorescentes reduziu a quantidade de inóculo de Laccaria bicolor quando introduzida no solo de cultura, resultando no mesmo efeito positivo no crescimento do Douglas-fir que uma taxa de inoculação mais elevada teria alcançado. [173, 195],

A maior parte dos dados disponíveis sobre este tema provém de experiências realizadas num ambiente controlado, como uma estufa. Estas experiências mostraram que Bradyrhizobium japonicum pode estabelecer uma relação simbiótica positiva.

Foi demonstrado que a utilização de bactérias solubilizadoras de fosfato juntamente com a micorriza melhora a colonização e a produção de esporos de fungos micorrízicos arbusculares. Consequentemente, isto aumenta a solubilização de fosfato mineral, que por sua vez fornece um fornecimento consistente de nutrientes para Sesamum indicum L, conduzindo em última análise a maiores rendimentos das culturas. [196]

Um estudo realizado em 2009 por Gamalero e colegas demonstrou que a combinação da estirpe MHB Pseudomonas putida UW4 com a estirpe AMF Gigaspora rosea BEG9 teve um impacto benéfico no crescimento de pepinos em solo com níveis elevados de salinidade. [197].

Em 2016, descobriu-se que, quando os fungos micorrízicos arbusculares (FMA) e as bactérias auxiliares de micorriza (MHB) de um solo afetado por sal foram aplicados em conjunto, melhoraram significativamente a capacidade das plantas de milho para resistir à salinidade do solo.

A co-inoculação da estirpe AMF e MHB melhorou a colonização das raízes e a eficiência da utilização de nutrientes, levando a uma melhor tolerância da salinidade do solo nas plantas de milho. Os investigadores investigaram a interação de três vias entre o FMA, o MHB e as plantas de milho. [198]

Do mesmo modo, um estudo realizado em 2021 demonstrou os efeitos benéficos da co-inoculação de estirpes de AMF e MHB no campo [189]. Este consórcio aumentou significativamente o crescimento das plantas e a produção de biomassa. A co-inoculação também levou a melhorias na nutrição de nitrogênio e fósforo nas plantas.

Um estudo de 2019 discutiu a relação entre os fungos micorrízicos arbusculares (FMA) e as estirpes de Bacillus spp. para apoiar o crescimento das plantas no campo. Foi destacado que a ação combinada dos FMA e das bactérias auxiliares de micorrização (MHB) é crucial para aumentar os rendimentos no campo. [199, 200]

As bactérias auxiliares de micorrização têm o potencial de atuar como probióticos ou catalisadores ambientais nos ecossistemas, tendo um impacto positivo na micorrização. Dado que as práticas agrícolas intensivas conduziram a uma diminuição da densidade de FMA nos solos agrícolas, a utilização destas bactérias auxiliares poderia ajudar a melhorar os serviços ecossistémicos prestados pelos simbiontes fúngicos, conduzindo a melhores funções do solo na rizosfera. (Fig. 8)[201].

Fig. 8

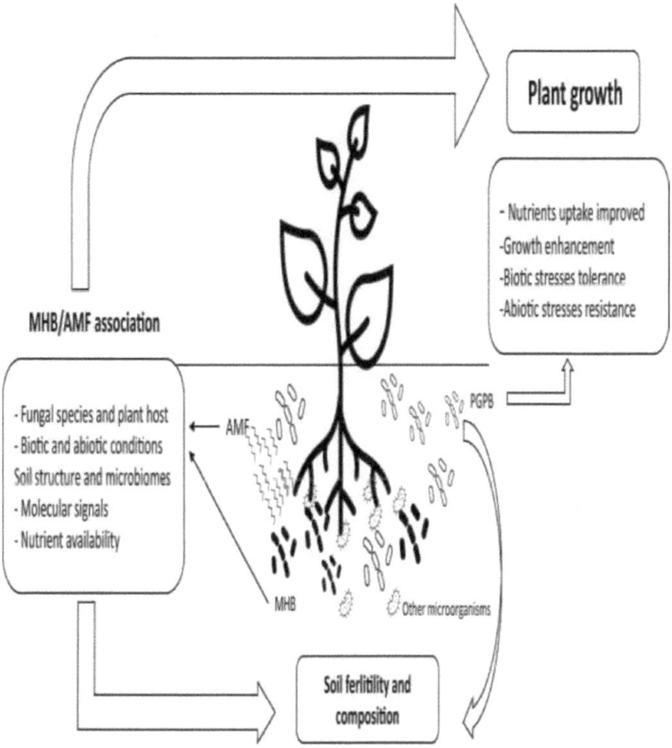

Fig. (8): Mecanismo do MHB para melhorar o crescimento das plantas. [201].

A micorriza é um recurso natural que apoia o crescimento das plantas em várias condições do solo

Nos últimos tempos, a crescente preocupação com a segurança alimentar tem sublinhado a importância da ciência das plantas como um domínio em desenvolvimento. Este facto resultou numa dedicação à criação de novas abordagens para melhorar o rendimento das culturas. Factores como os factores de stress bióticos e abióticos, incluindo a seca, a salinidade, as inundações, as doenças das plantas, a falta de nutrientes e a toxicidade são os principais contribuintes para o problema da escassez de alimentos a nível mundial, limitando a produção das culturas. Com o risco de escassez de alimentos a aproximar-se, é crucial aplicar estratégias destinadas a maximizar a produção das culturas e a garantir rendimentos económicos. [202]

A utilização de fertilizantes é um método comum para maximizar o rendimento das culturas, mas pode ter efeitos negativos no ambiente. O uso contínuo de fertilizantes químicos pode prejudicar o solo e reduzir a fertilidade, bem como provocar a acumulação de metais pesados nos tecidos das plantas. Isto pode afetar o valor nutricional e a comestibilidade dos frutos ao longo do tempo. [203].

Em vez de utilizar fertilizantes químicos, é mais sustentável utilizar fertilizantes biológicos, como estrume animal, decomposição de materiais orgânicos, águas residuais domésticas, vegetação excedente e microorganismos como bactérias e fungos.

Estas opções têm o potencial de melhorar o crescimento das

plantas através da introdução de micróbios benéficos, nomeadamente, rizobactérias promotoras do crescimento das plantas (PGPR) e fungos micorrízicos. Estes microrganismos úteis são importantes para impulsionar o crescimento das plantas, regulando os níveis nutricionais e hormonais, produzindo reguladores do crescimento das plantas, tornando os nutrientes solúveis e aumentando a resistência contra os agentes patogénicos das plantas.

Além disso, as interações entre as plantas e estes micróbios na rizosfera podem ser sinérgicas ou antagónicas, o que é crucial para uma agricultura sustentável, promovendo o crescimento e o desenvolvimento das plantas através de processos biológicos em vez de depender de agroquímicos.

Além disso, as micorrizas, que estão presentes em todos os solos capazes de suportar o crescimento das plantas, ajudam as plantas a absorver a água e os nutrientes de forma mais eficaz. As plantas transferem açúcares das suas folhas para os fungos para se alimentarem. Além disso, as micorrizas podem expandir a superfície da raiz, o que ajuda as plantas a absorver água e nutrientes de forma mais eficaz a partir de uma maior quantidade de solo. [204].

Foi demonstrado que várias espécies de micorrizas apresentam respostas diferentes consoante as espécies de plantas a que estão associadas. Esta diversidade resulta da grande variedade de espécies de fungos micorrízicos que podem influenciar as interações planta-planta e, em última análise, ter impacto no crescimento das plantas. A investigação sugere que as plantas inoculadas com micorrizas apresentam taxas de crescimento mais elevadas em comparação com as plantas de controlo, devido ao aumento da atividade fotossintética. Além disso, as micorrizas são essenciais para fornecer nutrientes vitais às plantas suas parceiras e, curiosamente, o crescimento das micorrizas não é afetado por fungicidas ou herbicidas[205].

Os glomeromycota, conhecidos como fungos micorrízicos arbusculares, são particularmente importantes, uma vez que quase 90% das espécies de plantas têm relações mutualistas com micorrizas arbusculares, que podem ser encontradas em fósseis de plantas antigas e ajudam as plantas a adquirir nutrientes em troca de fotossintatos. [206]

Fungos micorrízicos

A simbiose micorrízica é crucial nos ecossistemas, uma vez que tem impacto tanto na produtividade como na diversidade das plantas. Normalmente, as interações micorrízicas aumentam a produtividade das plantas, mas isto não é universalmente verdade. Dependendo das condições ambientais, a simbiose pode ir do mutualismo ao parasitismo entre diferentes espécies. [207, 208].

Os fungos micorrízicos podem potencialmente formar ligações parasitárias com as plantas nos casos em que as desvantagens da relação simbiótica excedem as vantagens. É crucial compreender a multiplicidade de elementos que influenciam a eficácia das micorrizas, tais como as caraterísticas físicas e funcionais dos fungos e das plantas, juntamente com os componentes vivos e não vivos da rizosfera, da comunidade e do ecossistema, o que é essencial devido à complexidade das associações micorrízicas. Na produção de plantas infectadas para fins comerciais, são normalmente utilizadas diferentes espécies de fungos, e o processo começa frequentemente com a inoculação de plântulas com esporos ou culturas miceliais [209].

Factos sobre os fungos

Os fungos, grandes ou pequenos, consistem em organismos como os cogumelos, as trufas, os folhados e os glomeromicetes que formam relações com as raízes no solo. Estes organismos diferem das paredes celulares das plantas e têm a capacidade de gerar diferentes enzimas. [210- 218] .

Os fungos têm a capacidade de se reproduzir através de métodos sexuais e assexuados e geralmente geram esporos. Estes organismos são classificados em diferentes níveis taxonómicos, principalmente pelas suas caraterísticas físicas e história evolutiva. As variações genéticas também desempenham um papel na categorização dos fungos, mas o processo de o fazer pode ser complexo. [205, 219].

Foram criados numerosos métodos para separar os fungos, tais como as técnicas de pour plate e spread plate baseadas na diluição, e o isolamento de esporos. É essencial garantir que todos os fungos separados sejam adquiridos em culturas puras através de um método padronizado.

Devem ser tomadas precauções durante o isolamento para evitar qualquer contaminação cruzada que possa afetar os resultados finais. Foram descobertos vários tipos de esporos em fungos micorrízicos[220, 221] (Fig. 9).

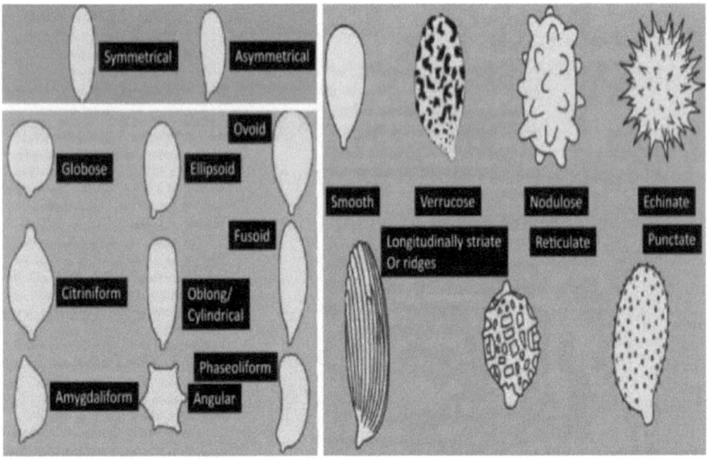

Fig. 9

Os esporos micorrízicos têm uma variedade de formas e texturas, e encontram-se em diferentes tipos que são comuns em várias plantas.

A técnica de peneiração e decantação por via húmida

Gerdemann e Nicolson introduziram os métodos de peneiração e decantação por via húmida como técnicas simples para isolar esporos de fungos de amostras de solo [223] (Fig. 10). [223] (Fig. 10). Estes métodos envolvem a peneiração do solo para separar partículas grosseiras, capturando os esporos fúngicos e as partículas orgânicas em ecrãs de diferentes tamanhos. Os esporos são posteriormente recolhidos para exame com um microscópio. Algumas técnicas para isolar esporos incluem centrifugação de sacarose, flutuação de adesão e ascensão capilar. A investigação de Shamini e Amutha mostrou que a utilização de técnicas de peneiração e decantação húmidas resulta numa grande quantidade de esporos. [223].

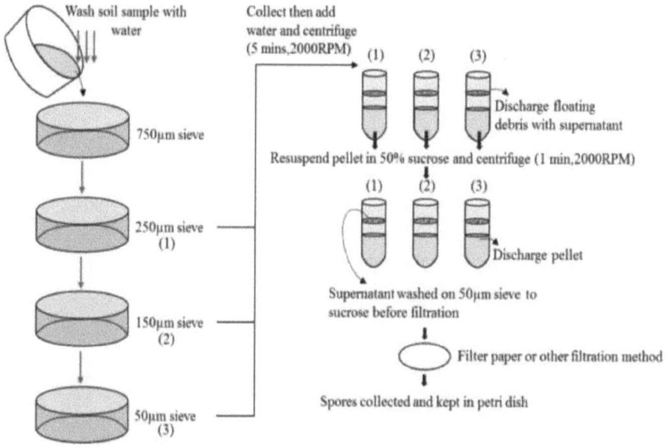

Fig. 10

Visualização das técnicas de peneiração e decantação por via húmida. O processo é ilustrado. Estes métodos têm sido utilizados historicamente e oferecem vantagens para o isolamento de esporos micorrízicos. A peneiração húmida é eficaz para capturar esporos minúsculos.

Estudo das caraterísticas físicas dos fungos

O estudo da morfologia dos fungos envolve principalmente a análise das estruturas e tamanhos dos fungos. A maioria dos fungos é constituída por micélios, que são hifas em forma de fio que crescem a partir das extremidades dos fungos num padrão de ramificação semelhante ao das árvores.

A ausência de um septo hifal é uma caraterística distintiva dos fungos. A principal caraterística utilizada para identificar os fungos são os esporos. para identificar diferentes tipos de fungos. É necessário isolar fungos representativos específicos e subsequentemente observar as suas morfologias. [224].

Os fungos são normalmente estudados utilizando diferentes tipos de microscópios, incluindo estereomicroscópios, microscópios compostos e microscópios electrónicos de varrimento. Os avanços na análise de imagens e partículas, juntamente com ferramentas micromecânicas, aumentaram a precisão da informação morfológica e permitiram uma observação mais pormenorizada das estruturas dos microrganismos.

A identificação dos fungos depende da morfologia, bem como das culturas fúngicas, que são normalmente obtidas através de isolamentos de esporos únicos. [225, 226].

A forma e a estrutura dos esporos

Diferentes tipos de microscópios, incluindo estereomicroscópios, microscópios compostos e microscópios electrónicos de varrimento, são frequentemente utilizados para o exame de fungos.

Os avanços na análise de imagens, análise de partículas e ferramentas micromecânicas aumentaram a precisão dos dados morfológicos, resultando num exame mais distinto e detalhado das estruturas dos microrganismos.

O reconhecimento dos fungos depende não só da morfologia mas também das culturas de fungos, que são normalmente obtidas através do isolamento de esporos isolados (Fig. 9).

Diferentes tipos de micorrizas

Existem duas categorias de micorrizas que se distinguem pela sua estrutura hifal: os fungos ectomicorrízicos não invadem as células individuais das raízes, enquanto os fungos endomicorrízicos têm hifas que penetram na parede celular e envolvem a membrana celular.

Conforme indicado por Heijden e Martin, foram reconhecidos quatro tipos principais de fungos micorrízicos: micorrizas arbusculares, ectomicorrizas, micorrizas de orquídeas e micorrizas ericoides.

As endomicorrizas consistem em micorrizas arbusculares, ericoides e orquídeas, enquanto as micorrizas arbutoides são consideradas ectomicorrizas e as micorrizas monotropoides pertencem a um grupo distinto. [227, 228]

Micorrizas arbusculares

Os termos VAM e fungos do solo são utilizados indistintamente para designar os fungos micorrízicos arbusculares, que pertencem ao género Glomeromycota e se reproduzem assexuadamente. Estes fungos desempenham um papel crucial para ajudar as plantas a atingirem o seu crescimento máximo. A simbiose micorrízica arbuscular, a relação benéfica mais comum no solo, está presente em 80% das raízes das plantas vasculares. [207, 229].

Além disso, as micorrizas arbusculares só podem desenvolver-se em conjunto com plantas hospedeiras e espécies de plantas específicas, e o seu crescimento depende do hospedeiro. Os arbúsculos referem-se a estruturas fúngicas que penetram nas células individuais das plantas.

Os fungos micorrízicos arbusculares (AM) estão presentes numa vasta gama de espécies vegetais das Angiospérmicas. Os investigadores Miranda e Jennifer salientaram que os fungos AM são benéficos para aumentar a absorção de nutrientes essenciais como o fósforo, o zinco, o cobre, o azoto e o ferro nas plantas. [230, 231]. São também resistentes a algumas doenças radiculares e tolerantes à seca.

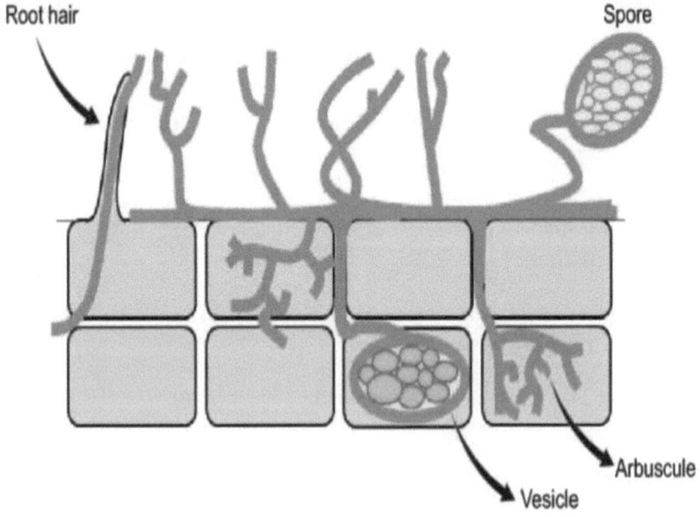

Fig. 11
A formação de micorrizas arbusculares é demonstrada pela formação de vesículas. Este tipo particular de micorrizas distingue-se pela existência de arbúsculos que estão bem documentados e são frequentemente utilizados, principalmente devido à sua afinidade pelo fósforo. A formação de arbúsculos leva ao desenvolvimento de vesículas.

Ectomicorrizas (EM)

As ectomicorrizas, um vasto grupo com uma ampla distribuição, estão associadas apenas a 3-4% das famílias de plantas vasculares. A formação de micorrizas arbusculares é demonstrada principalmente pela formação de vesículas.

Este tipo particular de micorrizas está associado aos filos Ascomycota e Basidiomycota, e pensa-se que o mutualismo EM se originou separadamente várias vezes a partir de linhagens saprófitas.

As plantas que participam em mutualismos EM possuem caraterísticas antimicrobianas que protegem contra os agentes patogénicos das raízes. Estes fungos distinguem-se pela sua presença nas superfícies externas das raízes, caracterizada pela existência de arbúsculos. [227, 232-234].

O tecido fúngico cobre as raízes, formando uma estrutura chamada manto hifal. Os filamentos fúngicos, conhecidos como micélio, o manto hifal estende-se para o solo e actua como o sistema radicular da planta para absorver minerais e nutrientes essenciais (Fig. 12).

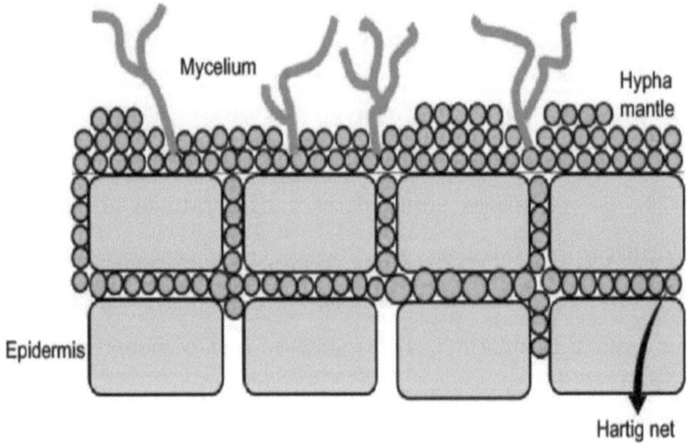

Fig. 12

As endomicorrizas têm um padrão de crescimento distinto. A sua estrutura distingue-as das ectomicorrizas.

Desenvolvimento de associações micorrízicas

Os fungos micorrízicos arbusculares passam por várias fases na formação das micorrizas. Na fase simbiótica, os esporos começam a germinar e há

crescimento hifal restrito por fungos micorrízicos arbusculares sem a presença de plantas hospedeiras. Uma vez germinados, os esporos passam para a fase pré-simbiótica, onde ocorre uma ramificação significativa das hifas na presença de exsudados radiculares [235].

Além disso, a formação de apressórios ocorre quando o fungo entra em contacto com as hifas que colonizam a superfície da raiz e penetram na epiderme da raiz. A seguir, o tecido do córtex da raiz é colonizado simbioticamente através da formação de arbúsculos intracelulares semelhantes a árvores ou espirais de hifas, produzindo simultaneamente um micélio extrarradical.

As plantas hospedeiras são essenciais para regular o processo de infeção micorrízica arbuscular, indicando que ocorrem alterações comparáveis quando as células corticais são colonizadas.

Normalmente, estes procedimentos de crescimento requerem trocas moleculares entre as micorrizas arbusculares e a planta, que incluem a troca e interpretação de sinais entre os organismos simbióticos.

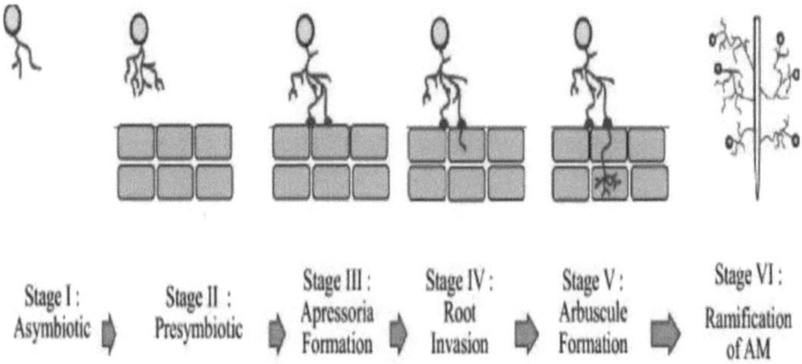

Fig. 13

As fases de crescimento das micorrizas arbusculares são ilustradas, com seis etapas tipicamente necessárias para a formação de uma parceria totalmente desenvolvida.

Interações entre plantas e fungos micorrízicos

As raízes infestadas de micorrizas têm dois métodos de absorção de nutrientes: a via de absorção pela planta (PP) e a via de absorção micorrízica (MP), conforme ilustrado na Figura 14. A PP consiste na absorção direta de nutrientes através do transportador localizado na epiderme da raiz e nos pêlos radiculares.

Os transportadores de plantas induzidos por micorriza facilitam a absorção de nutrientes na membrana periarbuscular localizada no apoplasto interfacial.

A ilustração mostra estruturas fúngicas numa única raiz hospedeira colonizada por várias espécies, cada uma com diferentes níveis de eficácia. Isto permite que os fungos removam nutrientes do solo e os forneçam às suas plantas hospedeiras. [236].

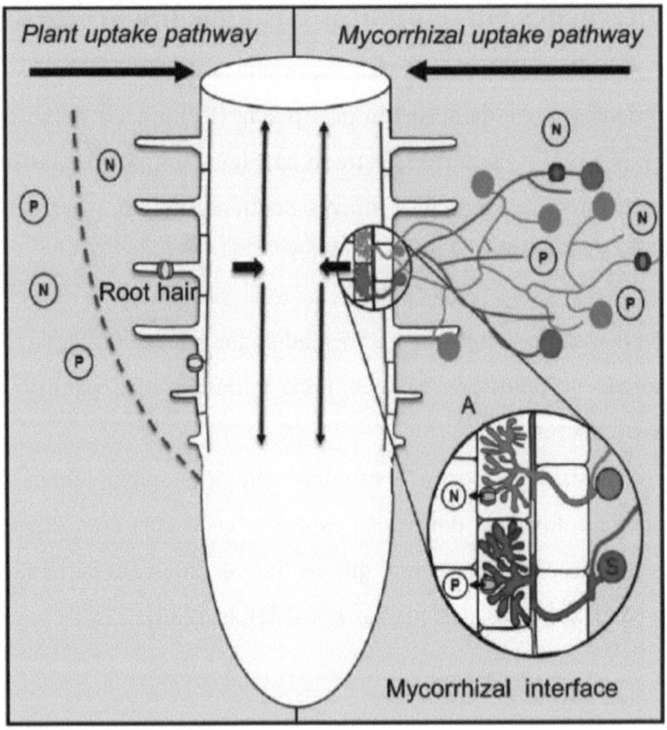

Fig. 14

As vias de absorção de nutrientes nas plantas incluem a via de absorção vegetal e a via de absorção micorrízica. Os principais nutrientes são identificados e as suas direcções de movimento são ilustradas. Quando nutrientes como o 'P' são rapidamente absorvidos pelas raízes, forma-se uma zona de depleção.

A bainha fúngica tem a capacidade de armazenar nutrientes que ajudam a apoiar os fungos, fornecendo nutrientes à planta hospedeira em alturas de baixos níveis de nutrientes no solo. As plantas micorrízicas podem sofrer uma redução de 10 a 20% nos seus fotossintatos quando lhes são fornecidos nutrientes adicionais. Estes nutrientes são utilizados pelos fungos micorrízicos juntamente com as suas estruturas para ajudar no seu crescimento, manutenção e desempenho.

Os nutrientes são transportados pelo ERM fúngico através de transportadores de Pi, NO3-, ou NH4+. O 'N é convertido em Arg através do braço anabólico do ciclo da ureia, principalmente nas micorrizas arbusculares. O Pi é transformado em polyP na ERM, que é depois transferido para a IRM. O polyP é decomposto no IRM, libertando Arg e Pi. A Arg é posteriormente metabolizada em NH4+ através do braço catabólico do ciclo da ureia, especificamente nas micorrizas arbusculares.

Este processo é auxiliado pelo movimento de Pi, NH4+ e potencialmente aminoácidos (AA, possivelmente apenas no EM) através da membrana plasmática do fungo para o apoplasto interfacial.

A planta absorve esses nutrientes da interface micorrízica através de transportadores de Pi ou NH4+ induzidos pela micorriza. O aumento do fornecimento de nutrientes leva à estimulação da fotossíntese, apoiada pela sacarose, que é transportada através da membrana plasmática da planta para o apoplasto interfacial.

A sacarose é então decomposta por uma invertase vegetal apoplástica. As hexoses são posteriormente absorvidas pelos fungos micorrízicos através de transportadores de monossacáridos fúngicos.

Absorção de fosfatos

A bainha fúngica tem a capacidade de armazenar nutrientes que podem ajudar a sustentar os fungos, fornecendo nutrientes à planta hospedeira em épocas de baixos níveis de nutrientes no solo. As plantas micorrízicas podem sofrer uma redução de 10 a 20% nos fotossintatos quando recebem nutrientes adicionais, uma vez que estes nutrientes são utilizados pelos fungos micorrízicos e pelas suas estruturas relacionadas para o crescimento, manutenção e desempenho.

Os nutrientes deslocam-se através do ERM fúngico utilizando transportadores de Pi, NO3-, ou NH4+. A Arg é produzida a partir de 'N' através do lado anabólico do ciclo da ureia, encontrado principalmente em micorrizas arbusculares. O Pi é convertido em polyP na ERM e subsequentemente transferido para a IRM.

O polyP é decomposto no IRM, libertando Arg e Pi. A Arg é posteriormente metabolizada em NH4+ através do braço catabólico do ciclo da ureia, especificamente nas micorrizas arbusculares.

Este processo é auxiliado pelo movimento de Pi, NH4+, e potencialmente aminoácidos (AA, possivelmente apenas no EM) através da membrana plasmática do fungo para o apoplasto interfacial. A planta absorve esses nutrientes da interface micorrízica através de transportadores de Pi ou NH4+ induzidos pela micorriza.

O aumento do fornecimento de nutrientes leva a uma fotossíntese estimulada, apoiada por A sacarose é transportada através da membrana plasmática da planta para o apoplasto interfacial, onde é decomposta por uma enzima invertase da planta no ambiente apoplástico e, em seguida, as hexoses são absorvidas pelos fungos micorrízicos através de transportadores especializados de monossacarídeos.

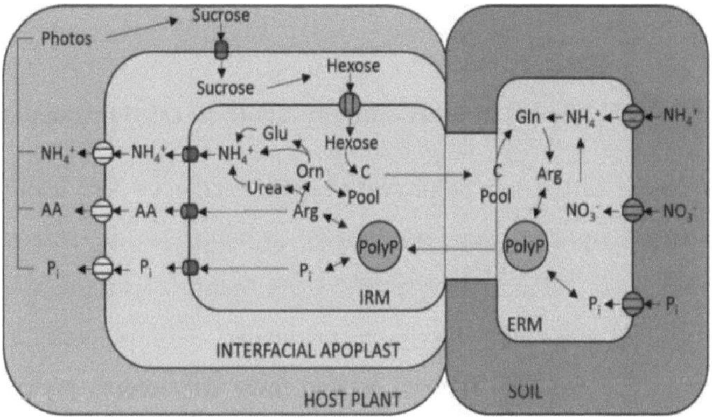

Fig. 15

São examinados os processos de transporte nas interações entre fungos arbusculares e ectomicorrízicos. O movimento de substâncias nas plantas e no solo é ilustrado. São identificados os tipos de moléculas e iões tipicamente envolvidos nestes processos de transporte.

Crescimento das plantas em condições fisiológicas

Existem vários factores que podem ser utilizados para avaliar o crescimento das plantas. As medições mais comuns e simples incluem a contagem do número de folhas, a medição da altura da planta e a avaliação da sua cor.

Estas medidas podem ser facilmente observadas sem a necessidade de ferramentas especializadas. Os agricultores confiam normalmente na observação de alterações nestes factores como uma forma simples de avaliar o desenvolvimento das suas plantas. Para além disso, medições mais avançadas como o teor de matéria seca das folhas, a densidade específica dos caules e os níveis de pH das folhas verdes são indicadores que podem ser utilizados para acompanhar o desenvolvimento das plantas. [237].

Desenvolvimento das plantas num ambiente de estufa controlado

As plantas beneficiam de proteção contra condições desfavoráveis e os produtores podem gerir eficazmente as condições de crescimento cultivando as plantas em estufas. As estufas permitem obter rendimentos elevados, excelente qualidade, uniformidade e um calendário de colheita preciso. Vários tipos de culturas podem ser cultivados em estufas, tais como Folhagem, partes subterrâneas, estruturas bolbosas, raízes, flores, produtos, unidades reprodutivas, plântulas e organismos cultivados (tais como ervas aromáticas, folhas verdes, plantas decorativas, plantas de contentor e plantas de paisagismo).

A tecnologia emergente desempenha um papel crucial na gestão do ambiente dentro das estufas, particularmente quando se trata de regular factores como o aquecimento, a ventilação e funcionalidades adicionais como o aquecimento da zona radicular, arrefecimento, nebulização, nebulização, enriquecimento com CO2, sombreamento, iluminação suplementar, prolongamento das horas de luz do dia e criação de períodos de escuridão. A luz, a temperatura e a humidade foram apontadas como elementos críticos que têm um impacto significativo no desenvolvimento das plantas. [238].

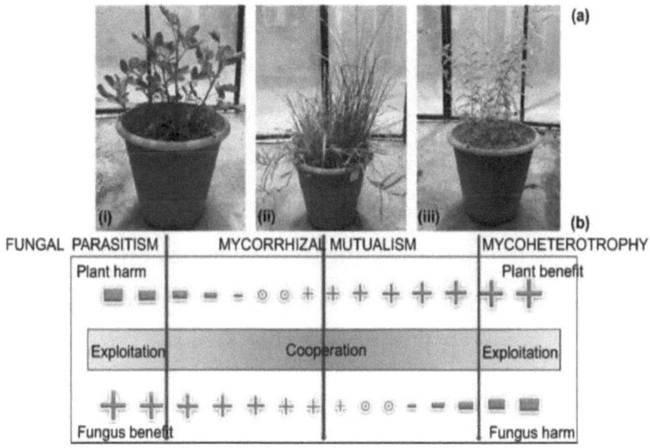

Fig. 16

As culturas associadas a micorrizas foram cultivadas num ambiente controlado. Estas culturas incluíam o amendoim, a cebola e o grão-de-bico. É importante identificar os diferentes tipos de relações simbióticas, como o mutualismo, o parasitismo e o comensalismo. A interação entre plantas e fungos numa relação mutualista é considerada como estando no meio do espetro das interações. No entanto, a exploração de uma planta por um fungo micorrízico representa o extremo deste espetro.

Linhas de estudo com estufas

A tecnologia de estufa é utilizada em áreas com condições climáticas difíceis para produzir culturas de forma sustentável. As altas temperaturas no verão representam um desafio significativo para o sucesso da produção de culturas em estufa durante todo o ano. A tecnologia de estufa envolve o cultivo de plantas numa estrutura coberta para maximizar a absorção da luz solar e criar condições favoráveis ao crescimento das plantas. Esta tecnologia engloba vários aspectos, como a conceção da infraestrutura, a seleção das plantas, os factores económicos, as práticas agrícolas e a viabilidade comercial. Como resultado, a produtividade das culturas em estufas não está fortemente dependente das condições ambientais externas. [239, 240].

Melhoria das parcerias micorrízicas numa estufa controlada

A ideia de simbiose, na qual dois ou mais organismos coexistem, é importante em todas as relações micorrízicas. O mutualismo refere-se à relação mutuamente benéfica entre dois ou mais organismos.

De acordo com o estudo de Brundrett, as associações micorrízicas podem ser classificadas como "equilibradas" ou "exploradoras" com base no facto de serem ou não mutualistas. Na maioria das parcerias micorrízicas, com exceção das associações micoheterotróficas, existe uma relação mutualista equilibrada em que tanto o fungo como a planta beneficiam.

As plantas micoheterotróficas, no entanto, têm uma relação micorrízica de exploração que apenas beneficia as plantas e não o fungo. Por conseguinte, as parcerias de exploração são simbióticas mas não mutuamente benéficas. Um estudo realizado por Bronstein sugere que, em vez de categorizar as interações simbióticas em grupos separados, como o mutualismo, o parasitismo e o comensalismo, estas devem ser consideradas como pontos diferentes num espetro. [232,233,

241].

A interação entre plantas e fungos que beneficia ambas as partes é conhecida como interação mutualista planta-fungo, sendo o ponto final a exploração dos fungos micorrízicos pela planta para obter nutrientes. Nas interações micoheterotróficas, as plantas exploram os fungos micorrízicos para adquirir carbono e outros nutrientes essenciais. [233].

Para criar as condições perfeitas para as colónias endomicorrízicas (VAM), é necessário que a planta estabeleça uma ligação mutualista com o VAM. Para começar, é importante manter um baixo nível de fósforo inorgânico na solução do solo para que as micorrizas se desenvolvam e colonizem as raízes de forma eficaz.

A razão para isso é que as plantas e os fungos têm uma relação mútua que evoluiu para ajudar as plantas a obter fósforo num solo com disponibilidade limitada.

As micorrizas não podem desenvolver-se ou crescer quando os níveis de fósforo no solo são superiores a 10 ppm. Embora as micorrizas não sejam erradicadas, criam-se condições que as impedem de crescer ou prosperar, tornando-as ineficazes.

Esta estimulação mantém os esporos inactivos no solo até que as plantas comecem a crescer ativamente. Por conseguinte, as micorrizas têm um tempo de vida mais longo do que outros suplementos biológicos, podendo durar até dois anos. A investigação atual sugere que a aplicação normal de cal

As micorrizas podem ser misturadas com outros bioprodutos, incluindo bactérias e fungos benéficos, para melhorar o desenvolvimento de colónias micorrízicas. Recomenda-se evitar a utilização inicial de fungicidas químicos para dar tempo suficiente para a colonização das raízes. [242].

Apesar da extensa investigação histórica sobre micorrizas, os estudos estão em curso devido aos potenciais benefícios que oferecem aos seres humanos, à sociedade e às economias. [243- 245].

Utilizações prospectivas

No campo da agricultura, há inúmeros factores a considerar quando se cultivam plantas no exterior, tais como o clima, a rega, a fertilização e a qualidade do solo. Estes factores podem levar a um aumento do stress das plantas, tornando-as altamente receptivas aos benefícios dos fungos endomicorrízicos.

As endomicorrizas podem ser adicionadas diretamente ao solo ou podem colonizar as raízes das plantas mesmo depois de estas serem transplantadas de um meio de crescimento para o solo. As vantagens da utilização de fungos endomicorrízicos são semelhantes às experimentadas pelo agricultor: as plântulas são resistentes ao choque causado pelo transplante e produzem mais frutos e flores. Os fungos endomicorrízicos estabelecem-se rapidamente num novo solo, ajudando as plantas a adaptarem-se.

A presença de endomicorrizas pode ajudar a reduzir o choque do transplante, fornecendo água e nutrientes à planta, servindo como um amortecedor para facilitar a adaptação da planta ao seu novo ambiente de solo.

Consequentemente, com a diminuição do stress, as plantas são capazes de atingir o seu potencial máximo de crescimento quando auxiliadas por endomicorrizas, resultando num aumento da produção de vegetais e frutos e em maiores colheitas por planta para as plantas comestíveis, bem como num maior rendimento de flores para as plantas com flor.

Árvores como a faia, o salgueiro, a bétula, o pinheiro, o abeto, o carvalho e o abeto obtêm benefícios substanciais das associações micorrízicas, enquanto as plantas leguminosas e cerealíferas também obtêm vantagens acrescidas quando associadas a micorrizas. As plantas cultivadas com fungos endomicorrízicos apresentam frequentemente um maior crescimento, particularmente quando cultivadas em solos de baixa qualidade e fertilidade.

Micorrizas e alterações climáticas

A parceria entre as micorrizas e as plantas existe há milhões de anos, como demonstram as evidências do Período Triássico e, potencialmente, até mais cedo. Embora ainda existam mistérios em torno da história das micorrizas, os fungos mais antigos conhecidos deste tipo podem ser datados de, pelo menos, 450 milhões de anos atrás, o que se alinha com o aparecimento das primeiras plantas terrestres e o desenvolvimento de fungos eucarióticos [24 6]

Algumas linhagens de micorrizas arbusculares evoluíram de forma independente até ao início do período Cretáceo, há cerca de 75-140 milhões de anos, tendo-se diversificado em diferentes tipos de micorrizas adaptadas a nichos, climas e espécies vegetais específicos. Estas linhagens são distintas das de outras micorrizas importantes. Algumas micorrizas evoluíram a partir de outras relações simbióticas, como Ascomycota, um filo que está intimamente relacionado com Basidiomycota, que eventualmente levou ao desenvolvimento de micorrizas Ericoides e Ectomycorrhizae. [247]

Algumas das famílias evoluídas tornaram-se mais complexas devido a raízes especializadas ou multifuncionais que não existiam antes da Pangeia. Os climas dos habitats onde estes grupos de micorrizas se desenvolveram (que se formaram em superfícies rochosas) eram secos, dificultando a biodiversidade devido a nichos limitados. [247]

Um desafio no estudo da história da maioria das parcerias entre fungos e plantas é o facto de os fungos não se preservarem bem, o que torna difícil encontrar fósseis de fungos antigos que fornecem apenas pormenores limitados sobre o fungo e o seu ambiente de desenvolvimento [247]

Segunda vaga - Cretáceo

Durante o período Cretáceo, a diversificação tanto das plantas como das micorrizas desempenhou um papel significativo no desencadear da segunda fase da evolução, que resultou no aparecimento indica que as micorrizas arbusculares representam 71%, as Orchidaceae 10%, as ectomicorrizas 2% e as micorrizas ericoides 1,4%. [246]

A caraterística chave desta onda evolutiva foi a consistência dos tipos de raízes dentro das famílias, permitindo que, durante esse período de tempo, houvesse uma relação estreita entre as plantas. O ambiente nessa altura registou um aumento de angiospérmicas com diversas estratégias reprodutivas e traços morfológicos distintivos para diferentes espécies de plantas, que eram diferentes dos observados em períodos anteriores que antecederam o evento de extinção K-Pg. [249]

Apesar das evidências substanciais de plantas que apoiam estas descobertas, a informação disponível para formar hipóteses sobre micorrizas nessa época, bem como outras relações simbióticas, é severamente limitada devido à escassez de fossilização destes organismos.

Paleogénico - Terceira era da era Cenozóica

A terceira fase de diversificação evolutiva teve início durante o período Paleogénico, há cerca de 24-75 milhões de anos, e está fortemente ligada a alterações no clima e nas condições do solo.

Estas transformações foram principalmente desencadeadas por

um aumento de habitats e ambientes perturbados, bem como pelo aquecimento global dos ecossistemas, o que levou a uma transformação dos tipos de fungos micorrízicos nas plantas encontradas em solos mais complexos. [24 9]

Esta vaga é composta por linhagens de plantas com estruturas radiculares que não correspondem às encontradas nas famílias da segunda vaga, como mencionado anteriormente.

Em certos ambientes, as plantas com ligações ectomicorrízicas e não micorrízicas enfrentam desafios que conduzem à formação de linhagens únicas conhecidas como "Novel Complex Root Clades".

Tanto a segunda como a terceira vagas estão relacionadas com as alterações climáticas, mas a terceira vaga destaca-se pela sua maior variabilidade dentro das famílias e pelas complexidades das interações planta-fungo.

Estes períodos de diversificação foram afectados por condições climáticas originalmente quentes e húmidas que acabaram por transitar para condições mais frias e secas, resultando em alterações genéticas.[24 9]

Reconhecer a importância destas três ondas é fundamental para categorizar e estruturar a maior parte da linha do tempo das micorrizas, sem se concentrar apenas em géneros e espécies individuais. É vital compreender a distinção entre estes vários tipos de fungos e a sua diversidade, bem como compreender a correspondente diversificação das plantas.

Durante o período Cretáceo, houve várias plantas não micorrízicas dignas de nota que sofreram especiação, juntamente com a expansão das plantas micorrízicas.

O impacto do clima na flora e nos fungos

As diferentes espécies de um ecossistema podem ser afectadas por um clima instável, o que inclui as plantas e as suas ligações simbióticas.

As alterações no ambiente global acabarão por afetar tanto a planta hospedeira como as micorrizas de forma paralela. Essencialmente, o stress ambiental na planta hospedeira pode ter repercussões negativas também nas micorrizas. [250]

Nas secções seguintes, serão avaliados os efeitos das alterações climáticas nas micorrizas, com destaque para as micorrizas arbusculares. Estas micorrizas são comuns nos ecossistemas naturais e agrícolas e são consideradas componentes vitais da biota do solo[251].

Aumento das temperaturas e excesso de CO_2

As actividades humanas estão a provocar um aumento lento das temperaturas a nível mundial, principalmente devido à emissão de gases poluentes pelo homem. O principal gás responsável por este fenómeno é o dióxido de carbono, que é gerado tanto por meios artificiais como naturais.

Níveis elevados de CO2 no ar conduzem a um efeito de estufa, que retém o calor sob a atmosfera. Vários tipos de fungos apresentam respostas diferentes. [252]

A presença de fungos é influenciada pelos ambientes específicos em que normalmente se encontram. A temperatura desempenha um papel crucial na acessibilidade da água e dos nutrientes, com temperaturas mais elevadas a ajudar potencialmente na absorção de nutrientes, mas também com o risco de desnaturação das proteínas. Em situações em que o solo fica ressequido devido ao calor intenso, tanto as hifas micorrízicas como os pêlos radiculares das plantas enfrentam desafios na aquisição de água e nutrientes essenciais para as suas interações. .[252]

Tanto a temperatura como os níveis de dióxido de carbono têm efeitos importantes no crescimento dos fungos e das plantas, sendo a absorção de CO_2 um fator-chave. O CO_2 presente no solo desempenha um papel diferente do da atmosfera e é crucial para várias funções das plantas, como a fotossíntese.

A relação entre as plantas e os fungos nas raízes, particularmente as micorrizas, é influenciada pela presença de CO_2. As plantas que são expostas a níveis mais elevados de CO_2 tendem a registar um crescimento mais rápido, o que resulta numa maior atribuição de carbono às raízes do que aos rebentos, o que beneficia as micorrizas. [252]

O aumento do espaço radicular leva a uma melhor comunicação entre a planta e os fungos, o que pode ajudar a promover o crescimento até atingir um ponto de equilíbrio. As micorrizas também crescem mais rapidamente com mais CO_2, o que leva à expansão das hifas dos fungos, embora os benefícios para as micorrizas pareçam estabilizar-se a certa altura. [252]

Embora os níveis de hidratos de carbono da raiz tenham sofrido alterações significativas, não se registaram impactos notáveis na colonização micorrízica. Isto sugere que, à medida que a planta aumenta de tamanho, as micorrizas também aumentam em relação à planta. Essencialmente, o crescimento da planta estimula o crescimento das micorrizas, e não vice-versa, apesar dos factores ambientais que afectam tanto as micorrizas como a planta[252].

Embora o CO2 seja essencial para a fotossíntese, é crucial para a sobrevivência das plantas. No entanto, as micorrizas necessitam de açúcares das plantas e não os podem obter diretamente do solo. É importante compreender que os efeitos a longo prazo do CO2 no ambiente podem ser prejudiciais, conduzindo a problemas como as emissões de gases com efeito de estufa e a destruição do habitat das plantas e das micorrizas...[252]

Micorrizas no Ártico

Embora o Ártico possa parecer desolado, na realidade está repleto de uma grande variedade de animais, plantas e fungos. Estas plantas dependem das micorrizas para sobreviver nas duras condições do Ártico, uma vez que a obtenção de azoto e água é difícil devido ao solo congelado. A relação entre as plantas e as micorrizas é essencial para o seu bem-estar e crescimento no Ártico. [252]

As regiões do Ártico são particularmente vulneráveis A amplificação do Ártico, um fenómeno bem conhecido, está a causar os efeitos das alterações climáticas na região do Ártico. Criou um maior número de ciclos de retroação positivos do que negativos, conduzindo a um aquecimento rápido e a alterações incertas que terão consequências para os ecossistemas do Ártico.

O aquecimento das temperaturas pode ter consequências negativas para a saúde das colónias de micorrizas, uma vez que estas se desenvolvem em ambientes mais frios[253].

Em resumo, o Ártico é um ecossistema vibrante que depende da relação simbiótica entre as plantas e as micorrizas para sobreviver. As alterações climáticas representam uma ameaça significativa para este equilíbrio delicado, com a Amplificação do Ártico a provocar um aquecimento rápido e efeitos potencialmente nocivos nas colónias de micorrizas.[4[25, 255]]

Devido ao facto de estes ecossistemas fornecerem ao solo poucos nutrientes facilmente disponíveis, os arbustos e outras plantas vasculares têm de obter nutrientes essenciais das micorrizas através da sua relação mutualista. Um stress excessivo sobre estas parcerias poderia potencialmente desencadear um ciclo de feedback positivo, resultando numa diminuição das populações de plantas e fungos terrestres devido a condições mais severas e possivelmente mais secas.[6[25, 25] 7]

Migração de plantas e micorrizas através de regiões geográficas

Embora as zonas onde se encontram, a sua distribuição não é exclusivamente influenciada pela dispersão. Os factores que limitam a propagação de animais e plantas não são os mesmos que afectam os fungos. Os fungos desenvolvem-se normalmente em áreas onde já existem plantas e possivelmente animais, porque muitos deles têm relações simbióticas e necessitam de ambientes específicos para crescer. Em contrapartida, as plantas precisam de factores externos, como o vento ou os animais, para se propagarem, e o ambiente tem de ser adequado para as sementes germinarem e crescerem. [258]

As micorrizas arbusculares são um excelente exemplo deste fenómeno, sendo comummente encontradas em vários locais onde crescem plantas selvagens. No entanto, as alterações no clima podem levar a mudanças nos ambientes. Com as flutuações de temperatura, as plantas podem migrar, exibindo um movimento biogeográfico. Em alguns habitats, certas plantas podem já não prosperar em determinados ambientes, mas outras plantas que anteriormente não conseguiam sobreviver nesses locais podem agora considerá-los mais adequados. Se uma planta se encontra num local onde as micorrizas podem crescer e estabelecer uma relação simbiótica, esta parceria formar-se-á provavelmente na maioria dos casos. 258]

Diferentes tipos de fungos têm requisitos específicos de crescimento e distribuição, o que significa que nem todos os fungos podem desenvolver-se nas mesmas áreas. Embora alguns fungos tenham uma vasta gama de dispersão, ainda enfrentam barreiras que limitam a sua propagação, à semelhança de outras espécies. Certas elevações podem ser demasiado extremas para a dispersão de esporos, resultando em fungos que favorecem níveis de elevação semelhantes em vez de aumentar ou diminuir a elevação[258].

Certos ecossistemas podem ser demasiado húmidos ou secos para as plantas prosperarem, ou os fungos que florescem num determinado clima podem não ser tão bem sucedidos num clima diferente, o que pode dificultar a sua propagação. Uma combinação de factores como a distância, massas de água, padrões de vento, interações com animais, pode estabelecer fronteiras que promovem a especiação dentro das populações de fungos. As discrepâncias na altura dos cogumelos, na morfologia dos esporos e no tamanho da gota de Buller também podem afetar a distância a que os fungos se podem dispersar[258].

As caraterísticas físicas relacionadas com a reprodução, como a altura do cogumelo e a forma dos esporos, influenciam significativamente a dispersão dos fungos. Barreiras como os rios ou a degradação do solo devido a factores como a chuva ácida podem impedir a germinação e a sobrevivência da descendência, acabando por prejudicar o crescimento e o movimento da população. Uma vez que as micorrizas não podem ser transmitidas verticalmente, são necessários métodos alternativos de transmissão horizontal para ultrapassar essas barreiras. [258]

O endemismo dos fungos micorrízicos resulta das limitações na forma como as espécies de fungos se podem propagar nos seus habitats naturais, resultando numa concentração notável em áreas específicas.[259]

Embora as alterações climáticas impeçam a propagação destes fungos, também realçam pontos importantes. As comunidades de fungos em latitudes semelhantes apresentam um nível mais elevado de semelhanças filogenéticas e partilham um nível semelhante de semelhança com as comunidades de plantas[258]. Ao monitorizar uma determinada espécie de planta, torna-se mais fácil determinar o movimento das micorrizas tipicamente ligadas a essa espécie de planta.

Por exemplo, as árvores do Alasca estão a deslocar-se para as regiões setentrionais devido às alterações climáticas, uma vez que as áreas de tundra estão a tornar-se mais propícias ao seu crescimento [248]

É difícil determinar quais as micorrizas específicas que estarão presentes, uma vez que a vegetação acima do solo é mais visível e consistente numa área maior, em comparação com as grandes variações no conteúdo do solo numa região mais pequena. Apesar da competição entre diferentes fungos, as árvores do Alasca têm abundantes simbiontes endomicorrízicos obrigatórios, o que facilita o rastreio dos seus movimentos[259].

A investigação tem demonstrado diferentes padrões de distribuição de fungos ectomicorrízicos entre as árvores, juntamente com a presença de micorrizas ericoides, micorrizas orquídeas e micorrizas arbusculares em arbustos e plantas de fruto. A presença de espécies ectomicorrízicas nas plântulas diminui à medida que estas se afastam da orla da floresta, afectando tanto as espécies arbóreas nativas como as invasoras e abrandando potencialmente o crescimento da floresta. [260]

Os nutrientes do solo são insuficientes para suportar o crescimento completo de uma árvore dentro das limitações estabelecidas pelas micorrizas que dão prioridade ao crescimento em detrimento do estabelecimento. As micorrizas que se concentram em ajudar uma planta a estabelecer-se contribuem para a saúde geral da espécie, assegurando uma ingestão equilibrada de nutrientes. As espécies que migram para longe do equador devido às alterações climáticas beneficiam mais das micorrizas que infectam as suas raízes e se propagam a outras plantas.[260]

Consequências para a saúde do ambiente

Os gases CO2 são um dos gases mais comuns emitidos para a atmosfera e têm um impacto significativo em vários ciclos naturais essenciais para a manutenção da vida.

No entanto, as actividades industriais podem levar à emissão de numerosas substâncias nocivas que podem perturbar os ecossistemas essenciais. Estas emissões podem ter um impacto negativo em ciclos como o do fósforo, do carbono, da água e do azoto, que são vitais para a manutenção do equilíbrio ecológico. Os fungos micorrízicos são particularmente vulneráveis à absorção de produtos químicos não naturais presentes no solo perto de instalações industriais.

Isto pode resultar na deposição de óxidos de enxofre e de azoto no solo, provocando danos ou a morte das plantas na zona afetada. [261]

Os poluentes atmosféricos industriais mais prevalentes que são descarregados no ar consistem em partículas de SO2, NO-x e O3, para além de outras. Estas substâncias têm consequências adversas no crescimento e desenvolvimento dos fungos micorrízicos e das plantas.

Vários impactos primários destas partículas nas micorrizas são o declínio de esporos micorrízicos saudáveis, a diminuição da colonização das raízes, a deterioração das relações entre as árvores, a presença reduzida de micorrizas nas árvores e a diminuição da função enzimática nas raízes ectomicorrízicas. **[261]**

É importante notar a importância do crescimento das raízes e da colonização micorrízica, uma vez que afectam diretamente a capacidade de uma planta absorver nutrientes essenciais, influenciando a sua sobrevivência mais do que outros efeitos negativos. As alterações climáticas estão associadas à produção de poluentes atmosféricos, pelo que é importante compreender o impacto não só nas micorrizas, mas também nas suas relações mutualistas com as plantas hospedeiras. [261]

Produção do fungo micorrízico arbuscular Rhizophagus clarus em grande escala

Os fungos micorrízicos arbusculares (AM) são simbiontes comuns na maioria das espécies de plantas terrestres e desempenham um papel importante na obtenção de minerais pelas plantas. Estes fungos dependem de hidratos de carbono do seu hospedeiro, tais como açúcares e lípidos. Estudos sobre os genomas dos fungos AM mostraram que a ausência de certas enzimas metabólicas está relacionada com a sua dependência das plantas hospedeiras para sobreviver. [2[26-27] 2].

Tradicionalmente, acreditava-se que os fungos AM eram impossíveis de cultivar sem as suas plantas hospedeiras.

Além disso, investigações recentes demonstraram que os ácidos gordos desempenham um papel significativo na promoção do crescimento e da esporulação dos fungos AM em condições em que não estão simbioticamente associados às plantas. Especificamente, verificou-se que

O ácido palmitoleico pode induzir a formação de esporos secundários compatíveis com a infeção de R. irregularis na ausência de uma planta hospedeira. [3[27-27] 5].

Além disso, verificou-se que o miristato dá início ao processo de crescimento não simbiótico dos fungos AM e pode atuar como fonte de carbono e energia. Esta descoberta tem o potencial de abrir caminho para novos métodos de investigação em estudos de AM e formas inovadoras de produzir inoculantes de fungos AM.

Atualmente, a técnica mais comummente utilizada para cultivar fungos AM em laboratório envolve a cultura monoxénica com raízes peludas de cenoura, levando à geração de cerca de 8500-9000 esporos de R. irregularis a partir de 10-15 esporos parentais. [276, 27 7].

A produção de esporos não é tão elevada nos sistemas de cultura assimbiótica em comparação com as co-culturas simbióticas. Além disso, verificou-se que os esporos criados com a adição de ácido palmitoleico ou miristato são mais pequenos do que os produzidos simbioticamente. A sua eficácia como agentes de inoculação permanece incerta[275, 276].

No passado, acreditava-se que os fungos micorrízicos arbusculares (AM) só podiam absorver nutrientes inorgânicos.

Além disso, estudos indicaram que os fungos AM podem assimilar diretamente tanto formas de azoto orgânico difíceis de decompor como facilmente degradáveis. [277 280] .

Os compostos de sinalização provenientes das plantas hospedeiras, juntamente com os nutrientes, podem ser cruciais para o desenvolvimento e a reprodução dos fungos AM. Descobriu-se que algumas hormonas vegetais influenciam positivamente a relação entre os fungos AM e as plantas hospedeiras.

Verificou-se que os níveis de metil jasmonato (MeJA) aumentam durante a colonização das raízes das plantas por fungos AM. [281- 287], ao mesmo tempo que o aumento da expressão de genes envolvidos na produção de ácido jasmónico na camada exterior das células vegetais que têm estruturas fúngicas altamente ramificadas chamadas arbúsculos, que facilitam a troca de nutrientes [288, 289].

Nos últimos tempos, tem havido uma recolha de informações sobre as funções das fitohormonas nas relações entre os fungos AM e as plantas. No entanto, faltam dados suficientes sobre o impacto direto das fitohormonas no crescimento e na reprodução dos fungos AM.

Verificou-se que duas fitohormonas, a estrigolactona e o jasmonato, são importantes para o crescimento assimbiótico e a esporulação dos fungos AM. [290] O R. clarus apresentou um crescimento mais robusto do que o R. irregularis, particularmente quando o miristato e o azoto orgânico estão presentes.

A estrigolactona artificial GR24 levou ao desenvolvimento de numerosos esporos adicionais, e os jasmonatos aumentaram a produção e o tamanho dos esporos. Os esporos de R. clarus, produzidos sem relações simbióticas, ajudaram com sucesso o crescimento de cebolas galesas colonizando as suas raízes[290].

Foi efectuado um estudo de investigação para identificar o meio de base mais adequado para a cultura assimbiótica de R. clarus HR1. A análise do genoma de R. clarus indicou uma deficiência em certas vias metabólicas, o que levou a modificações na composição do meio M, aumentando os níveis de glucose e tiamina e reduzindo a sacarose.

Este meio ajustado foi utilizado em todas as experiências de cultura. Foi avaliado o impacto de quatro ácidos gordos diferentes na cultura assimbiótica de R. clarus, nomeadamente miristato de potássio, palmitoleato de potássio, palmitato de potássio e ácido 2-hidroxitetradecanóico, conhecido por estimular o alongamento de hifas em Gigaspora spp.

Entre os ácidos gordos testados, apenas o miristato de potássio promoveu o crescimento de hifas em R. clarus. Este facto foi evidenciado na Fig. 17a e na Fig. 17 suplementar. Quando o miristato de potássio foi introduzido na cultura assimbiótica, levou à expansão do habitat (Fig. 17b).

Da mesma forma, os outros ácidos gordos utilizados não induziram a formação de esporos secundários pelos esporos progenitores.

Fig. 17: Impacto dos sais de ácidos gordos e das fontes de azoto orgânico nas culturas de *R. clarus* que não estão associadas a relações simbióticas.

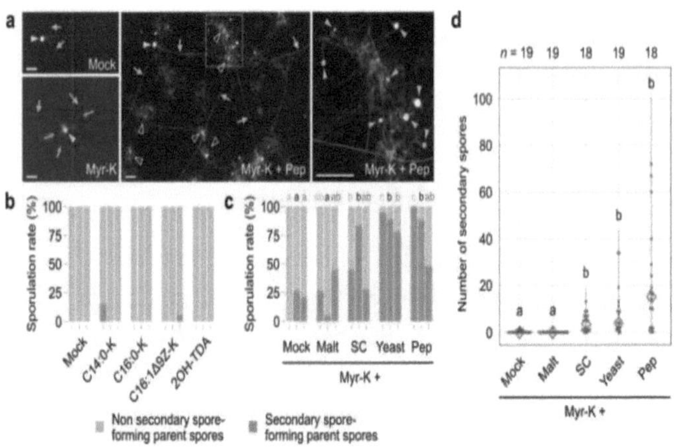

O estudo investigou o impacto do miristato de potássio (Myr-K) e da peptona (Pep) no crescimento de R. clarus.

Os fungos AM podem ter a capacidade de utilizar o azoto orgânico para o seu desenvolvimento, pelo que realizámos testes para ver como o crescimento e a produção de esporos de R. clarus eram influenciados pelo extrato de malte, SC dropout, extrato de levedura e peptona na presença de miristato de potássio.

Destas quatro substâncias, a peptona apresentou as taxas de esporulação mais elevadas, variando entre 47% e 100%, e produziu o maior número de esporos secundários, embora as taxas de esporulação tenham variado em três experiências diferentes. Noutras condições, os esporos primários alongaram as suas hifas e só produziram um pequeno número de esporos secundários antes de o crescimento do fungo ser interrompido[278-280].

R. clarus exibiu hifas ramificadas abundantes e espirais densamente compactadas (DPCs) quando cultivado em meio contendo peptona. Apesar de não haver diferenças significativas na produção de esporos secundários com várias concentrações de miristato de potássio e peptona, as concentrações mais elevadas apresentaram valores máximos. Isto levou à seleção desta combinação para experiências de cultura assimbiótica subsequentes. Foram registadas diferenças significativas na taxa de esporulação e no número de esporos secundários entre ensaios no estudo do meio de base. [273-275]

A diferença nos níveis de maturidade e dormência dos esporos pode variar entre esporos produzidos num ambiente controlado e dependendo da estação. Por conseguinte, os investigadores efectuaram três ensaios para cada experiência, a fim de ter em conta quaisquer variações significativas entre ensaios.

A estrigolactona permite um aumento da produção de esporos secundários numa cultura sem uma relação simbiótica

O GR24 aumentou significativamente a produção de esporos secundários em R. clarus quando combinado com miristato de potássio e peptona, independentemente dos seus níveis, causou a criação de esporos secundários a partir de quase todos os esporos progenitores que tinham germinado até 6 semanas após a inoculação. Em comparação com um grupo de controlo, a adição de GR24 resultou num aumento gradual da quantidade de esporos secundários, com base na concentração. (Fig. 18b e Fig. 19).

Fig. 18: Efeitos das fitohormonas em culturas assimbióticas de *R. clarus.*

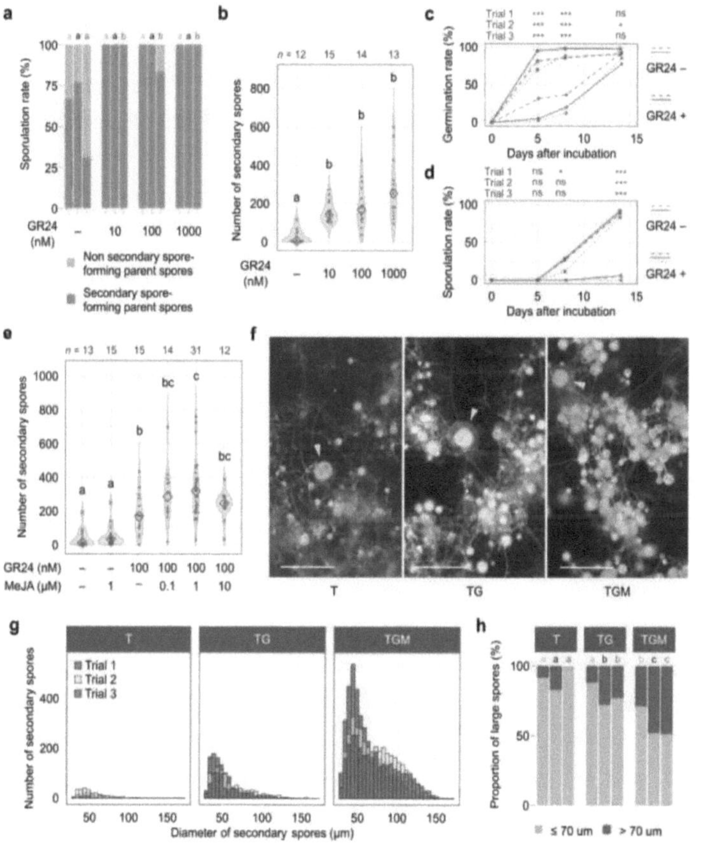

O tamanho dos esporos numa cultura sem um parceiro foi examinado comparando as distribuições de tamanho nos meios T, TG e TGM. Foi empregue um método de análise de imagem baseado na aprendizagem automática para quantificar esporos secundários e determinar o seu tamanho, que mostrou uma distribuição enviesada para a direita com um pico de aproximadamente 40-50 μm de tamanho.

Verificou-se que os meios TGM e TG continham esporos castanhos maiores, enquanto o meio T tinha sobretudo esporos brancos mais pequenos. A maior percentagem de esporos castanhos grandes (>70 μm) foi observada no meio TGM.

Além disso, os investigadores investigaram a forma como diferentes hormonas vegetais, como o ácido jasmónico, o ácido 1-naftilacético, a 6-benzilaminopurina, a giberelina A3 e o ácido abscísico, interagiam com o GR24.

O ácido jasmónico foi uma das hormonas examinadas e o MeJA aumentou a quantidade e o tamanho dos esporos secundários, ao passo que a 6-benzilaminopurina levou a um aumento do número de esporos secundários, mas não afectou significativamente o seu tamanho. As restantes hormonas vegetais testadas não revelaram efeitos benéficos significativos.

O meio TGM foi utilizado para cultivar a estirpe modelo do fungo AM R. irregularis DAOM197198 em cultura assimbiótica. 8 semanas após a inoculação, o número médio de esporos secundários por esporo parental variou de 6 a 33, mostrando um aumento significativo em comparação com estudos anteriores sobre cultura assimbiótica de R. irregularis.

A microscopia de lapso de tempo revela pormenores do desenvolvimento e da estrutura de *R. clarus* em cultura assimbiótica

Observámos os padrões de crescimento e esporulação de R.

clarus sem uma relação simbiótica, examinando o seu desenvolvimento em meio TGM de duas em duas horas durante 8 semanas, utilizando microscopia de lapso de tempo. Os estágios de desenvolvimento do fungo foram então analisados.

Inicialmente, os esporos progenitores produziam tubos germinativos no espaço de uma semana após serem cultivados. Estes tubos germinativos ramificavam-se em 4 horas, resultando na formação de RH em certos casos. O desenvolvimento de hifas ramificadas em forma de árvore foi frequentemente observado 1 a 2 dias após a emergência dos tubos germinativos.

As hifas ramificadas continuaram a crescer e criaram frequentemente DPCs significativos nos dias que se seguiram. O desenvolvimento de DPCs incluía uma hifa que se estendia da RH e gerava hifas curtas e delgadas em intervalos consistentes antes de se alongar e ramificar repetidamente.

Cerca de uma semana depois de o tubo germinativo se tornar visível, começariam a formar-se DPCs significativos, englobando os esporos originais e espalhando-se ao longo da RH em expansão. No prazo de cinco dias após a emergência do tubo germinativo, os esporos secundários começariam a desenvolver-se rapidamente, quer nas extremidades quer nas ramificações laterais. O seu crescimento terminaria dentro de dois dias após a ocorrência do inchaço hifal.

Uma vez formados, estes esporos não aumentam de tamanho durante a cultura. O tamanho dos esporos foi influenciado pela duração do crescimento dos esporos após o inchaço das hifas. Inicialmente, R. clarus produziu apenas pequenos esporos secundários, mas o tamanho dos esporos aumentou com o tempo após a emergência do tubo germinativo.

Comparámos os esporos gerados em condições assimbióticas em meio TGM (AS) com os produzidos simbioticamente (SS) através de cultura monoxénica in vitro. Na cultura monoxénica, um único esporo foi introduzido em raízes peludas de cenoura no meio M, resultando na produção de hifas extradicais SS que crescem a partir das raízes. A quantidade de SS na instalação monoxénica foi comparável ao número de AS produzidos no meio TGM no espaço de 8 semanas. Ao examinar a faixa de tamanho de SS, verificou-se que havia dois picos distintos: um próximo ao comprimento típico do diâmetro em AS (cerca de 50μm) e outro em torno de 150μm, que não estava presente em nenhuma cultura sem um parceiro. A introdução de GR24 e MeJA resultou num aumento de AS de tamanho médio que se situava entre os dois picos.

A composição de ácidos gordos do triacilglicerol (TAG) no AS foi analisada e comparada com a do SS. Verificou-se que o AS tinha uma elevada concentração de ácido mirístico (C14:0), juntamente com pequenas quantidades de ácido palmitovacénico (C16:1A11) e ácido palmítico (C16:0). Por outro lado, os TAG em SS continham principalmente C16:1A11 e C16:0, com muito pouca presença de C14:0. A quantidade de TAG presente no SS era mais de três vezes superior à do AS.

Para determinar se os esporos secundários de R. clarus, que foram criados na cultura original sem um parceiro, poderiam ser novamente cultivados com sucesso, transferimos um único esporo grande ou um bloco de gel com vários esporos grandes do meio TGM para um novo meio TGM durante um período de 6 semanas.

Nas subculturas de esporos simples de R. clarus que foram produzidas sem uma relação simbiótica, observou-se que germinavam, desenvolviam hifas e produziam esporos secundários. No entanto, o tamanho da colónia e o número de esporos secundários eram menores quando comparados com as culturas originais. Quando as subculturas foram efectuadas utilizando blocos de gel, verificou-se que não existiam diferenças significativas na taxa de esporulação ou no número de esporos secundários por esporo parental, em comparação com as culturas originais de esporo único. Os esporos presentes nas subculturas de esporo único eram brancos e mais pequenos do que os da cultura assimbiótica inicial. Por outro lado, os esporos nas subculturas de blocos de gel eram maiores e castanhos, semelhantes aos da cultura original.

Os esporos criados através de métodos não simbióticos têm a capacidade de viver nas plantas e melhorar o seu crescimento. A nossa investigação teve como objetivo analisar a eficácia da produção de esporos por R. clarus AS num ambiente laboratorial controlado. Num ambiente de cultura in vitro controlado, foi investigada a produção de esporos de R. clarus AS. Um esporo, cultivado em meio TGM ou numa cultura monoxénica, foi inserido em raízes peludas de cenoura que se desenvolviam num meio M modificado. As taxas de germinação dos esporos AS e SS foram determinadas como sendo de, pelo menos, 85%, sem diferença notável entre as duas fontes de inóculo.

O desenvolvimento de esporos-filhos em AS foi mais lento do que em SS durante as primeiras 4 semanas após a inoculação. No entanto, esta disparidade diminuiu e tornou-se insignificante após 4-6 semanas. Na 8ª semana após a inoculação, um número significativo (82-95%) de AS germinados, que constituíam 70-90% de todos os esporos de AS introduzidos, tinham produzido esporos filhos.

Isto representa um avanço considerável em relação à taxa de 14-67% observada em pesquisas anteriores. [276] (Fig. 19).

Fig. 19: Inoculação de esporos gerados assimbioticamente em plantas.

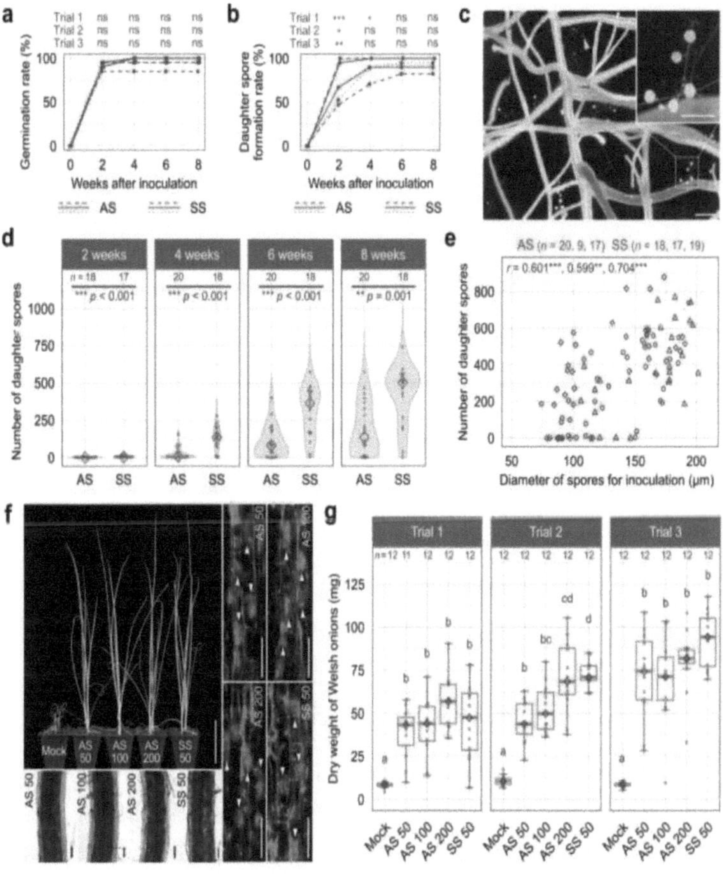

Jones (1924) afirmou que os fungos AM são parasitas obrigatórios porque notou que estes fungos não conseguem sobreviver quando crescem em ágar, mas florescem quando se encontram dentro ou perto das raízes. Como resultado, os fungos AM são agora reconhecidos como parceiros mutuamente dependentes que formam relações com a maioria das plantas terrestres. [292, 293].

Nos últimos tempos, os investigadores conseguiram cultivar fungos AM sem um hospedeiro, introduzindo ácidos gordos como o ácido mirístico e o ácido palmitoleico. O estudo indica que a combinação das hormonas estrigolactona e jasmonato ajuda na geração de esporos assimbióticos de R. clarus quando se inclui miristato e peptona de azoto orgânico.

Estes esporos, embora de menor dimensão do que os produzidos na presença de um hospedeiro, podem atuar como propágulos para a geração seguinte e servir de inóculo para estabelecer uma relação simbiótica com as plantas. [275, 276]

O miristato e a peptona aumentaram o crescimento das hifas e o alongamento de R. clarus, com a peptona a desempenhar um papel crucial na esporulação. A introdução de GR24 juntamente com estes compostos resultou numa formação precoce de esporos, promovendo uma expansão mais rápida das colónias. Devido à sua estabilidade, acredita-se que o GR24 tenha um efeito contínuo durante o cultivo, levando a uma maior produção de esporos secundários. Além disso, a combinação de GR24 e jasmonatos teve um efeito sinérgico sobre o tamanho e o número de esporos secundários. Observou-se que os genes da planta responsáveis pela produção de ácido jasmónico estavam especificamente activos em raízes com arbúsculos.[.[284, 285]

A ligação entre o jasmonato e a sinalização da estrigolactona na simbiose micorrízica arbuscular (AM) e o impacto dos jasmonatos no desenvolvimento dos fungos AM continuam por esclarecer. São necessários mais estudos para revelar as suas funções no desenvolvimento não simbiótico dos fungos AM.

A ocorrência inicial de DPC foi observada quando R. irregularis foi cocultivado com a bactéria P. validus e quando o fungo foi suplementado com miristato numa cultura não simbiótica. Isto indica que a DPC pode ser uma caraterística fúngica distinta em espécies de Rhizophagus quando estas são cultivadas sem plantas hospedeiras.

Quando cultivado em meio TGM, R. irregularis gerou DPCs relativamente grandes perto do esporo parental, que mais tarde se transformaram em DPCs pequenos que se assemelham a estruturas absorventes ramificadas, conforme detalhado numa investigação anterior. Em contraste, R. clarus desenvolveu grandes DPCs não apenas em torno dos esporos-mãe, mas também a uma distância deles. [276]

As hifas ramificadas de R. irregularis absorvem ácidos gordos como os DPCs e depois transferem alguns destes ácidos gordos ou lípidos para esporos secundários recentemente desenvolvidos através da RH. [276].

É provável que o aumento significativo de DPCs em R. clarus esteja envolvido na produção de grandes volumes de esporos, possivelmente devido à absorção substancial de miristato na estrutura.

Uma investigação anterior indicou que os esporos assexuados de R. irregularis eram capazes de germinar e gerar novos esporos numa cultura assexuada subsequente, embora a produção de esporos fosse significativamente inferior aos resultados do presente estudo. [275].

Os ácidos gordos são absorvidos por hifas ramificadas, como as DPC, e certos ácidos gordos ou lípidos são depois passados para esporos secundários recém-desenvolvidos através da RH em R. irregularis. [276].

O crescimento extensivo de DPCs em R. clarus provavelmente desempenha um papel na alta produção de esporos grandes, possivelmente através da absorção significativa de miristato através desta estrutura. Numa investigação anterior, os esporos de R. irregularis gerados assimbioticamente foram capazes de germinar e dar origem a novos esporos. A maior produtividade de esporos de R. clarus causou uma mudança na distribuição de tamanho para esporos maiores, permitindo-nos manter o mesmo nível de produtividade de subcultura fúngica que na cultura inicial.

Que observaram taxas de germinação mais elevadas em esporos maiores com mais núcleos em quatro Glomus spp. Nas nossas condições de cultura sem um parceiro, o desenvolvimento de esporos em R. clarus parou apenas dois dias após o inchaço das hifas, o que é diferente de R. irregularis numa cultura de um único hospedeiro em que os esporos continuaram a crescer durante 30 a 60 dias antes de atingirem o tamanho máximo. [297].

O desenvolvimento de esporos sem simbiose pode depender de elementos vegetais ou ambientais desconhecidos. Noutro estudo sem condições simbióticas, a produção de esporos foi significativamente inferior à desta investigação. [279]

Este estudo explora três perspectivas fascinantes sobre a compreensão completa e a utilização no mundo real destes microrganismos significativos. Inicialmente, foram observadas discrepâncias nas reacções das duas espécies de Rhizophagus ao meio TGM.

Foram gerados mais esporos por R. irregularis no meio TGM em comparação com um meio sem fito-hormonas, mas a produção de esporos foi ainda inferior à de R. clarus.

Isto sugere que a ausência de uma planta hospedeira pode afetar o crescimento de R. irregularis através de GR24, embora em menor grau do que em R. clarus. Estes resultados realçam a considerável variabilidade fisiológica e funcional interespecífica nos fungos, possivelmente resultante da vasta gama de genes na Glomeromycotina. [299].

Os genomas de R. irregularis e R. clarus foram sequenciados, o que permite identificar genes específicos ausentes e específicos de cada linhagem através de uma análise comparativa dos seus genomas.

Isto pode levar ao desenvolvimento de métodos de cultura personalizados e à descoberta de genes chave que contribuem para a diversidade fúngica. A nossa nova técnica de cultura também facilitará a investigação bioquímica, uma vez que a obtenção de uma grande quantidade de componentes químicos a partir de fungos AM tem sido um desafio devido à sua natureza biotrófica obrigatória.

O nosso método abre novas possibilidades para o estudo de efectores fúngicos, transportadores e pequenas moléculas de sinalização como Myc-LCO[300]. Além disso, permite a identificação de proteínas que se ligam à estrigolactona e ao jasmonato, possibilitando o cultivo fácil e em grande escala de R. clarus. Outra contribuição da nossa investigação é a aplicação de fungos na agricultura através de estudos de campo.

A demonstração da capacidade do R. clarus AS de servir como inóculo tem o potencial de transformar o processo de produção pouco intensivo de trabalho desses fungos. Este avanço poderá levar a um maior número de experiências de inoculação no terreno, incentivando, em última análise, a intensificação sustentável da produção agrícola através da utilização eficaz dos fungos AM.

Método de produção em massa de inóculos de fungos micorrízicos arbusculares sem solo

O método de produção em massa de inóculos de fungos micorrízicos arbusculares sem solo está de acordo com as diretrizes do Bureau of Indian Standards, exigindo um mínimo de 100 propágulos por grama de substrato. Tradicionalmente, o inóculo é expandido em raízes vivas de plantas hospedeiras em substratos como areia: mistura de solo, vermiculite, perlite, que são incómodos para manuseamento e transporte, e muitas vezes não cumprem as normas para a contagem de propágulos.

A tecnologia atual oferece um processo para a produção sem solo de inóculo de fungos AM utilizando Arka Fermented Cocopeat estéril como único substrato para o crescimento da planta hospedeira, apoiado por bactérias benéficas a uma taxa de 0,5 kg por 1000 kg de substrato Arka Fermented Cocopeat. Este método ajuda a melhorar o crescimento da raiz da planta hospedeira, a colonização por fungos AM e a proliferação nas raízes da planta hospedeira, resultando num inóculo livre de contaminação.

O processo completo demora 60 dias a completar-se em condições ambientais, à sombra ou numa estufa. Com esta técnica, é possível obter uma gama de 0,28 - 0,35 x 105 propágulos infecciosos por grama de substrato, com um período de conservação de até um ano.

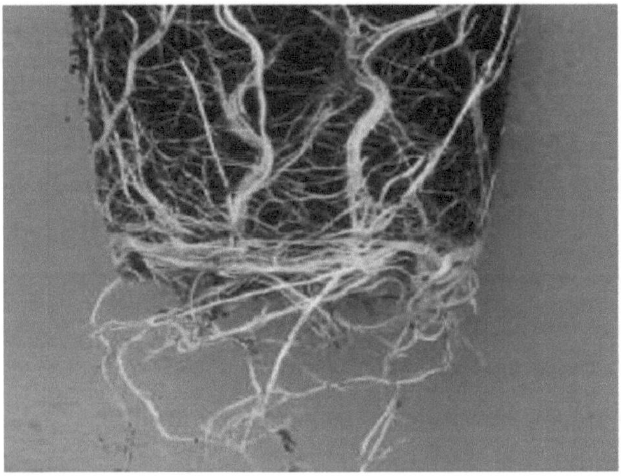

Método de produção em massa de inóculos de fungos micorrízicos arbusculares sem solo a_0

O impacto dos Fungos Micorrízicos Arbusculares no desenvolvimento das plantas

A industrialização, a urbanização e a globalização estão a provocar uma redução das terras aráveis e uma diminuição da produção agrícola. Isto está a levar a uma maior procura de alimentos devido ao rápido aumento da população. Além disso, as alterações climáticas causaram condições meteorológicas extremas, como secas, calor extremo e inundações, que estão atualmente a afetar a produção alimentar dos sistemas agrícolas. [300].

As culturas de exportação são normalmente mais valiosas do ponto de vista económico do que outras culturas. Por outro lado, as culturas para biocombustíveis podem servir de alternativa aos combustíveis fósseis tradicionais para a produção de energia. Além disso, estas plantas têm normalmente uma melhor tolerância a condições climatéricas variáveis, o que as torna uma opção favorável em áreas específicas. Estes resultados têm tido consequências importantes para a Terra, especialmente porque os efeitos das alterações climáticas estão a tornar-se cada vez mais evidentes a cada dia que passa. A agricultura sustentável é essencial para manter um equilíbrio entre a produção de alimentos e a conservação do ambiente. É evidente que o solo desempenha um papel crucial na produção de alimentos e deve ser gerido cuidadosamente para garantir a sustentabilidade a longo prazo, tanto a nível económico como ambiental. [301- 305].

O nosso estudo apresentará uma análise aprofundada dos conhecimentos actuais sobre os fungos micorrízicos arbusculares (FMA) e a sua potencial utilização para aumentar o rendimento das culturas em várias condições. Na nossa análise, explorámos o papel dos FMA na promoção do crescimento das culturas.

As bactérias desempenham um papel crucial na facilitação da absorção de azoto pelas plantas através da secreção de enzimas adicionais. No entanto, existe um desafio, uma vez que o oxigénio pode ter um impacto negativo sobre as enzimas sem azoto. Para lidar com esta questão, as bactérias interagem com as plantas para criar nódulos radiculares específicos. [306308].

Numerosos estudos de investigação destacaram os impactos positivos dos fungos micorrízicos arbusculares (FMA) no rendimento das culturas, que serão examinados em pormenor nesta revisão. Estas parcerias mutuamente benéficas permitem que as plantas adquiram nutrientes do solo que, de outra forma, seriam inacessíveis.

Para além de melhorarem o crescimento e a saúde das plantas, os fungos também desempenham um papel na absorção de minerais essenciais como o fósforo do solo. As enzimas produzidas pelo fungo ajudam a planta a aceder a nutrientes que talvez não seja capaz de adquirir por si só.

Além disso, o fungo liberta várias hormonas que ajudam no desenvolvimento de um sistema radicular robusto para a planta. Em troca, a planta fornece açúcar ao fungo, que serve como fonte primária de energia e nutrição. [309].

Os agroecossistemas são criados com o objetivo de reduzir a dependência de factores de produção externos, como pesticidas, fertilizantes químicos e água, maximizando simultaneamente a utilização de recursos naturais, como a luz solar e os nutrientes do solo, para aumentar a sustentabilidade em comparação com as práticas agrícolas convencionais. [310].

Os microrganismos benéficos, como as bactérias amigáveis, podem extrair azoto da atmosfera, transferi-lo para as plantas e controlar as doenças transmitidas pelo solo. Estas bactérias estabelecem uma parceria mutuamente benéfica com as raízes das plantas, trocando minerais essenciais e água do solo em troca de carbono produzido pela planta durante a fotossíntese. [311]

Além disso, estes tipos de fungos são reconhecidos por proporcionarem vantagens vitais às plantas a que estão associados, incluindo a melhoria da absorção de água e nutrientes, o aumento da resistência a doenças e a assistência na decomposição de nutrientes de substâncias orgânicas. [312, 313]

A compreensão destes processos é crucial para a preservação e gestão eficazes dos ecossistemas, uma vez que estas relações podem conduzir a alterações significativas na estrutura, composição e funcionamento das comunidades vegetais. [314- 317].

A perturbação da população microbiana resultou num desequilíbrio dos microrganismos benéficos, o que, em última análise, conduziu A degradação do solo pode conduzir a uma diminuição do rendimento das culturas. As alterações nas comunidades microbianas podem afetar o ciclo dos nutrientes do solo e diminuir a capacidade do solo para reter água, o que pode agravar a degradação do solo. [318].

Os microrganismos desempenham um papel crucial na

manutenção da fertilidade do solo através do ciclo de nutrientes, do controlo de pragas e da melhoria da estrutura do solo. O objetivo desta investigação é realçar a importância da simbiose endomicorrízica na prestação de serviços ecossistémicos que, em última análise, aumentam o rendimento das culturas e promovem práticas agrícolas sustentáveis.

É imperativo compreender a dinâmica das interações microbianas com as plantas, a fim de implementar eficazmente métodos sustentáveis de fertilidade do solo e de produção de culturas. (Fig. 20) [319].

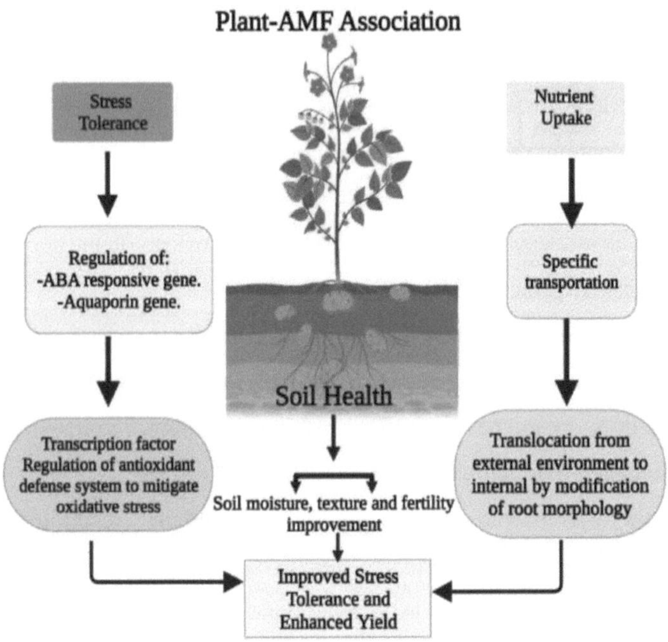

Figura 20

Os microrganismos benéficos conhecidos como fungos micorrízicos arbusculares melhoram a fertilidade do solo e aumentam a capacidade das plantas para absorverem nutrientes

Os micróbios, em troca, recebem uma fonte consistente de nutrientes que lhes permite prosperar e criar um ambiente mais propício para que as plantas cresçam de forma saudável. As raízes das plantas fornecem geralmente azoto e minerais essenciais aos fungos a que estão ligadas, e os fungos retribuem fornecendo às plantas nutrientes importantes e água. [320, 321].

Além disso, os fungos micorrízicos arbusculares (FMA) podem ajudar as plantas a resistir a desafios ambientais como períodos de seca e salinidade do solo, levando a um maior crescimento das plantas e a melhores hipóteses de sobrevivência. Com a utilização destas técnicas, os pequenos agricultores têm a oportunidade de aumentar o rendimento das suas culturas e melhorar a sustentabilidade a longo prazo dos seus métodos agrícolas para as gerações vindouras. [322]

Os arbúsculos são estruturas fúngicas que se encontram no interior das células das raízes de uma planta e que permitem aos fungos micorrízicos arbusculares (AM) estabelecer relações estreitas com a planta hospedeira.

Estudos indicam que a relação mutuamente benéfica entre os fungos AM e as plantas hospedeiras teve origem há cerca de 400-480 milhões de anos, facilitando a adaptação precoce das plantas terrestres à terra. [323, 324].

Cerca de 80% das plantas terrestres mantêm relações simbióticas estreitas com fungos micorrízicos arbusculares (AM) para obter vários benefícios, como a absorção de nutrientes, o aumento da massa da cultura, rendimentos mais elevados e a redução do stress causado por factores ambientais.

Os fungos AM são um componente essencial do solo que pode aumentar consideravelmente a eficiência das culturas e a sustentabilidade ecológica na produção vegetal. Os fungos endomicorrízicos facilitam uma relação mutualista com as raízes de 80% das famílias de plantas, melhorando o crescimento das plantas não só pelo aumento da absorção de fósforo do solo, mas também pela ajuda na absorção de outros nutrientes minerais essenciais. Além disso, estes fungos desempenham um papel na agregação do solo para evitar a erosão e ajudam as plantas a resistir ao stress provocado por factores abióticos e bióticos. [325- 329].

O significado dos micróbios do solo na economia

Alguns dos benefícios destes micróbios são difíceis de quantificar, mas podem ter um impacto significativo nos resultados globais. [356-360]; O valor dos micróbios naturais

O custo dos recursos naturais, incluindo a água potável, os solos férteis e a polinização, foi calculado em cerca de 190 mil milhões de dólares, o que corresponde ao dobro do produto nacional bruto global.

Novos estudos indicam que serviços ambientais cruciais, como a formação do solo e o ciclo de nutrientes, podem ser avaliados em 17,1 triliões de dólares e 2,3 triliões de dólares, respetivamente.

Muitos países estão a utilizar os seus sistemas fiscais para proteger o ambiente, quer implementando medidas de limitação da poluição, como os impostos sobre o carbono, quer incentivando práticas ecológicas através de regimes como a Reforma Fiscal Ecológica. A título de exemplo, a Costa Rica assumiu a liderança num esforço a nível nacional para preservar os serviços ambientais. [338340].

Apesar dos avanços nas técnicas agrícolas que aumentaram a produção de alimentos em todo o mundo, houve consequências negativas não intencionais para o ambiente e os recursos.

À medida que avançamos, é crucial desenvolver métodos novos e sustentáveis para garantir a proteção dos ecossistemas da Terra e responder à crescente procura de alimentos devido ao aumento da população mundial. [339- 341].

A horticultura é um elo crucial entre os indivíduos e o ambiente, com o objetivo de alcançar uma produção agrícola sustentável, mantendo a integridade ecológica. Apresenta desafios para a agricultura e suscita considerações para os proprietários, salientando a necessidade de estratégias de gestão avançadas para melhorar a fertilidade do solo, a biodiversidade e o rendimento das culturas em agroecossistemas que promovam os processos naturais e a eficiência a longo prazo[342, 343].

Os serviços ambientais apoiam a qualidade do solo e a saúde das plantas; a resiliência do solo é crucial neste contexto. Em especial, os microrganismos do solo que formam relações simbióticas com as raízes das plantas tornaram-se cada vez mais importantes na investigação e nos progressos agrícolas, uma vez que oferecem uma alternativa natural para promover o crescimento das plantas e reduzir a dependência de intervenções químicas. [344, 345].

Os crescimentos micorrízicos arbusculares estão amplamente disseminados no ponto de interação entre o solo e as raízes das plantas, o que os torna uma parte crucial e benéfica do ecossistema do solo. As suas caraterísticas benéficas, que não estão relacionadas com a dieta, têm um impacto significativo em vários processos na área circundante, aumentando, em última análise, os rendimentos agrícolas e promovendo práticas agrícolas respeitadoras do ambiente. [346,347].

A administração eficaz dos serviços ambientais prestados pela AM terá um impacto positivo na utilização sustentável e na preservação dos recursos naturais para o bem-estar das comunidades humanas. [348]

As biomoléculas contêm uma estrutura à base de carbono que é essencial para os organismos vivos. No entanto, um excesso de CO2 no ar é considerado perigoso e é um dos principais gases com efeito de estufa[349]. O sequestro de carbono é um processo que captura o dióxido de carbono para reduzir os níveis na atmosfera[350]. 350] A concentração de dióxido de carbono no ar desempenha um papel direto nas alterações climáticas globais e representa uma grave ameaça para toda a biosfera[351]. [351].

O nível de dióxido de carbono na atmosfera tem vindo a aumentar continuamente, atingindo uma média de cerca de 385 ppm [352]. Há vários anos que vários grupos de investigação têm vindo a realizar estudos para identificar as melhores tecnologias de captura de carbono. Dois métodos principais de fixação do carbono, o geológico e o biológico, estão bem documentados. [353,354].

A fotossíntese, um processo biológico, desempenha um papel crucial na fixação do carbono através da absorção do CO2 atmosférico. Os microrganismos contribuem significativamente para a absorção de CO2 no solo e nas plantas para atenuar os níveis de CO2 atmosférico. As populações bacterianas em várias partes das plantas, como as folhas, a filosfera e as raízes, aumentam a taxa de fotossíntese, apesar do facto de a fotossíntese consumir naturalmente CO2 atmosférico. [355].

Da mesma forma que os mamíferos estabelecem relações benéficas, as plantas, tal como os animais, albergam uma vasta gama de comunidades microbianas que desempenham um papel semelhante ao dos probióticos, ajudando a manter o equilíbrio e a saúde. [356].

Processos moleculares envolvidos nas interações entre plantas e micróbios

Os micróbios associados às plantas desempenham um papel significativo no funcionamento de redes biológicas complexas, incluindo cadeias alimentares inteiras em vários ecossistemas. As relações entre as plantas e os microrganismos, tanto no interior como no exterior da planta, estão bem documentadas. Estas relações são influenciadas pelo ambiente circundante, ocorrem em ambas as direcções e são intrinsecamente complexas. [357, 358].

A investigação científica tem limites no que respeita à utilização de micróbios como bioestimulantes ou biofertilizantes devido a uma compreensão limitada da relação entre plantas e bactérias. Estão atualmente a ser estudadas as vias moleculares dos microrganismos associados às plantas que podem aumentar a taxa fotossintética. Os endófitos que residem nos tecidos internos das plantas fornecem substâncias químicas bioactivas específicas que melhoram o crescimento, o rendimento e a resistência das plantas às doenças. [359, 360].

Por outro lado, os microrganismos recebem substratos de carbono da planta hospedeira. É interessante notar que uma estirpe microbiana específica mostra uma preferência por colonizar a rizosfera quando os níveis de CO2 atmosférico estão a aumentar, em comparação com outras estirpes. O aumento da capacidade das plantas para absorverem carbono através de estirpes microbianas específicas poderia ajudar a reduzir os níveis de CO2 atmosférico. Por exemplo, a estirpe bacteriana Pseudomonas simiae estabelece-se na rizosfera a um ritmo mais rápido do que a P. putida quando existe uma elevada concentração de CO_2 no ambiente. [386, 387].

Além disso, existem amplas provas de que os micróbios podem aumentar a taxa de fotossíntese nos tecidos foliares das plantas. A população de micróbios na rizosfera depende inteiramente de sinais da planta. Para além das suas funções primárias, as raízes das plantas também estão envolvidas em diferentes processos. As raízes libertam macromoléculas orgânicas, conhecidas como "exsudados radiculares", para a rizosfera, que representam 5 a 40% do carbono absorvido pela planta através da fotossíntese. [363].

A investigação bem documentada demonstrou que os micróbios desempenham um papel no aumento da taxa fotossintética das folhas das plantas. A população microbiana na rizosfera depende inteiramente dos sinais da planta. Para além das suas funções primárias, as raízes das plantas estão também envolvidas noutros sistemas. As raízes libertam macromoléculas orgânicas conhecidas como "exsudados radiculares" na rizosfera, que representam 5 a 40% do carbono absorvido através da fotossíntese. [361-364].

Os exsudados radiculares ajudam a selecionar bactérias específicas quando estas colonizam o sistema radicular. As partes acima do solo da planta contêm a maior parte da clorofila e dos carotenóides, e as bactérias podem atuar como bioestimulantes para aumentar a sua concentração. Enterobacter sp., um tipo de rizobactéria promotora do crescimento das plantas (PGPR), estimula significativamente o crescimento da planta quiabo, aumentando os níveis de clorofila. [365].

A introdução de endófitos fúngicos nas plantas também pode

trazer benefícios. Por exemplo, a adição de endófitos fúngicos a plantas de Coleus forskolin resultou num rendimento mais elevado devido a um aumento da sua taxa fotossintética global. [366, 367].

O carbono é retirado da atmosfera e armazenado no solo em resultado de uma maior absorção de CO2 do ar, do aumento da fotossíntese das plantas e do aumento dos níveis de matéria orgânica no solo. [368- 371].

Os inoculantes microbianos aumentam a fotossíntese e promovem a deposição de matéria orgânica no solo à volta das raízes das plantas, melhorando o desenvolvimento das raízes. Os microrganismos associados às raízes produzem hormonas de crescimento vegetal que estimulam a expressão de genes relacionados com o crescimento das raízes, aumentam os níveis de clorofila e carotenóides e contribuem para a acumulação de matéria orgânica no solo através de um maior rendimento radicular. A excitação excessiva dos pigmentos fotossintéticos ou a exposição ao stress ambiental desencadeia a produção de espécies reactivas de oxigénio (ROS) nos tecidos foliares, o que, por sua vez, inibe a atividade das enzimas fotossintéticas e diminui a taxa de fotossíntese. [372- 276].

Em última análise, isto ajuda a proteger a eficiência da fotossíntese nas plantas contra os efeitos nocivos das ROS. A absorção de CO2 nas plantas facilitada pelos micróbios tem um impacto significativo no desenvolvimento e na fisiologia das plantas. A investigação demonstrou que concentrações mais elevadas de CO2 podem aumentar o desenvolvimento das plantas, melhorando a entrada de carbono fotossintético, bem como a eficiência da utilização de nutrientes e água, o que resulta num aumento da produção de biomassa[376-380].

Na agricultura contemporânea, a fixação do carbono desempenha um papel crucial, nomeadamente em sistemas agrícolas específicos, como meio de aumentar a produção vegetal como um "fertilizante". Para aumentar a produção vegetal e reduzir o impacto do gás com efeito de estufa, CO2, emitido devido às acções humanas, é essencial obter uma visão mais profunda dos processos moleculares envolvidos nas interações planta-micróbio que ajudam as plantas a melhorar a eficácia da sua fotossíntese e a influência de diferentes factores associados aos micróbios na fixação do dióxido de carbono.

Este facto sugere que podem habitar áreas que são tipicamente inexploradas pelos humanos. Por conseguinte, o estudo destes fungos é crucial para compreender as suas adaptações a diferentes ambientes e a forma como contribuem para a propagação de doenças.

Além disso, o exame da literatura sobre fungos, que inclui parasitas e simbiontes, pode melhorar a nossa compreensão das intrincadas relações entre animais e fungos. Vale a pena mencionar que os fungos não possuem os sistemas digestivo, nervoso e circulatório encontrados nos animais. [381- 384].

O micélio é uma rede complexa de células que produz hifas à medida que envelhece, permitindo a decomposição externa de alimentos orgânicos através da secreção de enzimas para serem absorvidos.

O vasto micélio dos fungos pode cobrir grandes áreas, ajudando as raízes das plantas a obter nutrientes necessários, como o fosfato, de áreas distantes e esgotadas. Em troca, a planta fornece açúcares ao fungo. [385].

Os sistemas endomicorrízicos oferecem às plantas a capacidade de obter mais água e nutrientes, bem como uma melhor defesa contra agentes patogénicos e condições de seca. O micélio decompõe a matéria orgânica do solo e troca nutrientes com a planta, ao mesmo tempo que recebe hidratos de carbono da planta para obter energia. Esta relação mutuamente benéfica entre o micélio e o tecido radicular beneficia ambos os organismos. [386- 388].

Os fungos AM não só ajudam as plantas a absorver melhor os nutrientes, como também aumentam a sua capacidade de resistir a factores de stress ambiental. Spatafora e colegas (2016) observaram que a maioria das espécies de FMA pertence ao subfilo Glomeromycotina do filo Mucoromycota. [389].

Estes organismos necessitam de lípidos e nutrientes das plantas fotossintéticas para completar o seu ciclo de vida. Os fungos micorrízicos arbusculares (FMA) protegem as plantas de doenças fúngicas e melhoram a sua absorção de água e minerais do solo, tornando-os cruciais para a saúde do ecossistema e o crescimento das plantas. A importância destes fungos para o desenvolvimento agrícola sustentável não pode ser sobrestimada. [390394].

A resistência da agricultura e os fungos micorrízicos arbusculares (AM)

A colaboração entre plantas e microrganismos é essencial para uma agricultura sustentável, desempenhando os fungos micorrízicos um papel significativo neste processo. É crucial estabelecer uma ligação entre estes fungos benéficos e as práticas agrícolas sustentáveis, particularmente quando os recursos específicos são limitados. As micorrizas arbusculares (AM) desempenham um papel crucial na disponibilização de nutrientes em formas utilizáveis, especialmente em condições ambientais difíceis. O micélio dos fungos AM presentes no solo pode melhorar consideravelmente a qualidade e a estabilidade do solo. [397- 399].

A utilização da proliferação de fungos AM tem demonstrado

promover o crescimento das plantas. Esta proliferação está a tornar-se mais importante na agricultura sustentável, uma vez que melhora a qualidade e a estabilidade do solo. A produtividade pode ser aumentada através da utilização de associações micorrízicas em vez de depender fortemente de insumos químicos como insecticidas e fertilizantes. O uso excessivo de fertilizantes inorgânicos em solos de baixa fertilidade levou à introdução de matéria orgânica e à adoção de métodos como a lavoura em pousio e a plantação de leguminosas para impulsionar os ecossistemas do solo, promover o crescimento microbiano e aumentar a reciclagem de nutrientes, a fim de reduzir a necessidade de factores de produção externos e maximizar a sua eficiência. [400, 401].

. Estudos demonstraram que os fungos do solo contribuem para a decomposição e fornecem nutrientes vitais para o crescimento das plantas. É necessária mais investigação para compreender plenamente as funções dos fungos do solo no ecossistema. É importante reconhecer o papel crucial que as micorrizas desempenham na ecologia. [402, 403].

Os micróbios do solo desempenham um papel significativo na distribuição e no ciclo de nutrientes das culturas, o que, em última análise, afecta a sua produção de biomassa. Por conseguinte, é fundamental adaptar o material genético de uma cultura ao ambiente específico em que será cultivada. [404].

O registo fóssil sugere que os fungos micorrízicos arbusculares (FMA) existem na terra há cerca de 480 milhões de anos, o que implica que podem ter tido impacto nos ecossistemas terrestres mesmo antes de as plantas colonizarem a terra. A sua presença desempenhou provavelmente um papel crucial na formação dos ecossistemas terrestres durante esse período. Este facto indica uma influência significativa no desenvolvimento dos ambientes terrestres durante esse período. [405- 408].

Mecanismos de defesa de culturas que utilizam fungos micorrízicos arbusculares

Os FMA reforçam o sistema imunitário da planta, aumentando a sua capacidade de se defender de pragas e doenças de forma mais eficiente. Para além de nutrir a planta, os fungos também melhoram o seu crescimento e desenvolvimento, conduzindo a um crescimento mais rápido e mais eficaz.

Além disso, os fungos libertam substâncias que funcionam como antibióticos, protegendo a planta contra determinados agentes patogénicos. [409, 410].

Isto indica que os micróbios benéficos podem colonizar as plantas alterando os mecanismos de defesa da planta, permitindo-lhes habitar a planta sem causar uma reação imunitária.

Além disso, estes micróbios podem ser capazes de obter nutrientes a que a planta não consegue aceder ou criar substâncias que aumentam a capacidade da planta para resistir a desafios ambientais. Se as plantas forem colonizadas por fungos micorrízicos, isso pode levar a um efeito de ativação em toda a planta através da redistribuição de moléculas/sinais de defesa. [411].

A colonização micorrízica não só melhora a absorção de nutrientes e o desenvolvimento das plantas, como também aumenta a atração e a abundância das plantas. Os herbívoros são susceptíveis de consumir plantas ricas em nutrientes para obterem melhor os nutrientes essenciais. [412].

A investigação demonstrou que as plantas que foram colonizadas por fungos micorrízicos arbusculares (FMA) são menos vulneráveis a insectos que se alimentam do floema do que as plantas que não foram colonizadas por FMA. Ao implementar uma estratégia agrícola que envolve o uso de FMA, é importante considerar que os simbiontes FMA podem ajudar as plantas a ativar as defesas gerais contra herbívoros que se alimentam do floema.

As redes de micélio formadas pelos FMA podem facilitar a comunicação entre as plantas que estão a ser atacadas por afídeos e as plantas que não estão infestadas. [413,414].

Na presença de agentes patogénicos na zona radicular, as plantas podem ativar um mecanismo de resistência que provoca a libertação de compostos fenólicos para impedir o crescimento desses agentes patogénicos. [415,416].

Uma experiência demonstrou que a presença de Glomus intraradical conduziu a uma redução acentuada da quantidade de ADN genómico de Fusarium solani f. sp. phaseoli na micorrizosfera, nas microesferas e no solo em massa, tal como indicado pela análise quantitativa de RT-PCR. [417].

Os fungos micorrízicos arbusculares são cruciais para aumentar a produtividade das plantas e preservar a saúde do solo

Seguindo este processo, o solo pode manter a sua estrutura e fertilidade por períodos mais longos, criando uma base sólida para diferentes plantas e animais. Estas acumulações são essenciais para criar e preservar uma estrutura porosa do solo que permita a passagem da água, necessária para o controlo da erosão e para um ciclo eficiente de nutrientes. [418- 422.

Os produtos químicos e os fertilizantes fosfatados são normalmente utilizados, o que resulta em problemas de poluição e potenciais riscos para a saúde. Consequentemente, existe um interesse crescente na comunidade hortícola pela incorporação de FMA. Um obstáculo enfrentado é a disponibilidade limitada de FMA em grande escala em ambientes agrícolas. Factores como a aplicação de composto e as técnicas agrícolas podem influenciar a presença e a eficácia dos FMA. A simbiose vantajosa da micorriza é particularmente crucial para as plantas hortícolas tropicais devido às deficiências de fósforo no solo nessas regiões. Estas plantas não absorvem diretamente 75% do fósforo, mas transformam-no em formas menos acessíveis para as plantas. [423-427]

Os FMA desempenham um papel fundamental na provocação de reacções das plantas a factores de stress não vivos. Estas reacções manifestam-se através de várias alterações na morfologia, fisiologia e genética da planta. O principal objetivo destas reacções é ajudar as plantas a lidar com os impactos adversos do stress não vivo.

A parceria entre os fungos micorrízicos arbusculares e as plantas conduziu a uma melhor absorção de água e nutrientes, resultando num maior crescimento das plantas e resistência ao stress não vivo. O sinal de mais "+" é utilizado para indicar um resultado favorável. Os OE representam os óleos essenciais, SOD é um acrónimo de superóxido dismutase, POD significa peroxidase, APX significa ascorbato peroxidase, H2O2 simboliza o peróxido de hidrogénio, MDA refere-se ao malondialdeído e P representa o fósforo. A ligação ilustrada na Figura 21 é crucial para promover o crescimento das plantas e a saúde em geral. [428-430].

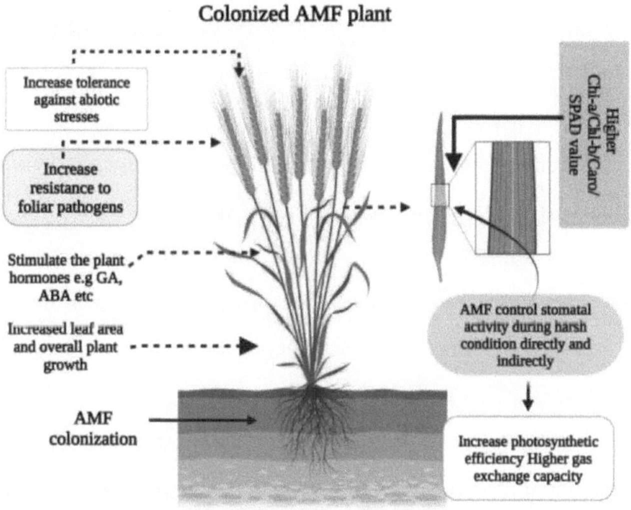

Figura 21

Papel da colonização por fungos AM na produtividade e manutenção da saúde do solo.

A função dos fungos micorrízicos arbusculares no ecossistema e a atenuação das pressões ambientais

A rotação de culturas de milho e soja é uma prática benéfica para aumentar a fertilidade do solo. O milho esgota o azoto do solo, pelo que a plantação de soja depois do milho pode ajudar a repor os níveis de azoto no solo. O impacto da rotação de culturas não se limita apenas aos benefícios nutricionais.

Os fungos micorrízicos arbusculares desempenham um papel significativo na melhoria do rendimento das culturas. Os fungos não micorrízicos servem como fonte de micróbios benéficos no solo. Quando as plantas micorrízicas são introduzidas, ajudam a espalhar estes micróbios benéficos pelo solo, aumentando assim a sua produtividade. [428- 430].

A colonização de fungos micorrízicos arbusculares (FMA) no milho aumentou significativamente após a plantação de girassol (Helianthus annuus, micorrízico) em comparação com a plantação de mostarda (não micorrízico) [431, 432].

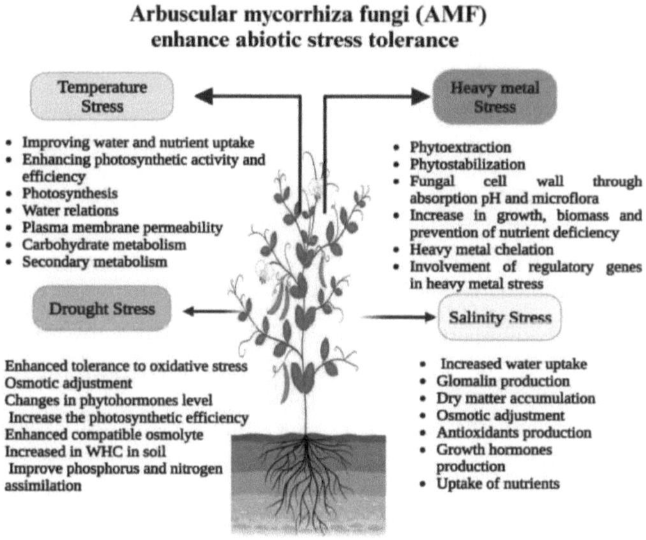

Figura 22

Representação esquemática dos diferentes mecanismos que conferem tolerância ao stress abiótico nas plantas pelos fungos micorrizas arbusculares (FMA).

Os benefícios dos fungos micorrízicos arbusculares são significativos em situações em que o fósforo no solo é de baixo custo. Quando há mais fósforo disponível no solo, os níveis de fósforo no tecido vegetal aumentam, mas a planta pode não beneficiar da quantidade de carbono investida na micorriza.

A promoção de interações micorrízicas benéficas pode melhorar a absorção de fósforo, aumentando o potencial de rendimento sem a necessidade de fertilizante P de arranque. [433437].

As espécies parasitas de FMA podem apresentar gamas

fisiológicas distintas. Por outro lado, a seleção ou o melhoramento de variedades de plantas em condições de elevada mineralização que não considerem interações harmoniosas pode resultar no desenvolvimento de plantas menos responsivas ou não responsivas aos fungos micorrízicos. [438, 439].

A combinação original da morfologia micorrízica entre os tecidos das plantas e dos fungos resulta provavelmente de processos genéticos e metabólicos simples que foram transmitidos através das gerações. As plantas sofreram uma evolução significativa, resultando em aproximadamente 260.000 espécies que podem ser associadas a nichos ecológicos ou ambientes específicos.

Por outro lado, as espécies de Glomeromycotan permaneceram praticamente inalteradas durante um período de tempo considerável, com cerca de duzentos tipos diferentes destes fungos a serem descobertos diariamente devido à sua estabilidade morfológica. [440-442].

Uma diminuição semelhante do movimento cooperativo devido à seleção foi observada na soja. Em situações com baixos níveis de competição, os impactos prejudiciais na relação simbiótica podem ser negligenciados na agricultura de alto rendimento. A comparação de variedades cultivadas tradicionalmente com variedades adaptadas a ambientes de baixo rendimento pode realçar os potenciais efeitos negativos da seleção nas caraterísticas micorrízicas arbusculares (AM). [443, 444].

A investigação sugere que a diversidade de plantas afecta a gama de fungos AM, indicando que a monocultura prolongada pode potencialmente prejudicar a diversidade de fungos AM. [445- 448].

Salvamento de terrenos baldios

Os FMA podem ser utilizados para recuperar eficazmente os terrenos baldios, ajudando a cicatrizar as zonas danificadas. A introdução de fungos AMF em terrenos baldios pode aumentar o crescimento e a resistência da vegetação adequada. A presença de FMA pode influenciar grandemente a capacidade de uma planta para absorver o fósforo do solo. A utilização de FMA pode acelerar o crescimento das plantas em paisagens estéreis. Algumas plantas podem necessitar de infeção micorrízica para se desenvolverem em zonas perturbadas, de acordo com certas teorias. [449, 450]

Além disso, o crescimento da planta hospedeira é aumentado, particularmente em solos com baixos níveis de fósforo. A investigação demonstrou que os fungos AM melhoram efetivamente o restabelecimento da vegetação em áreas como minas de carvão, locais abandonados, estradas e áreas perturbadas.

A proliferação de FMA também proporciona benefícios nutricionais às plantas circundantes, oferecendo-lhes resistência a desafios como pH baixo, poluentes de metais pesados e temperaturas elevadas. [451- 454].

O aparecimento e a utilização de FMA aumentaram consideravelmente a eficácia da reabilitação nestas zonas secas. A inoculação de plantas jovens em viveiros com fungos micorrízicos apropriados pode ajudar a restaurar sítios mineiros perturbados. [533,534].

Mitigação do stress causado pela seca

A ligação simbiótica entre o organismo e a planta pode levar a vários benefícios. Estes incluem um melhor ajustamento osmótico para regular os níveis de água nas células vegetais, uma maior acumulação de prolina para defesa contra o stress ambiental e um aumento dos níveis de glutatião para servir de antioxidante. [455-461].

A absorção de água e nutrientes desempenha um papel crucial na maximização da produtividade através da otimização de vários processos metabólicos como a fotossíntese. Estudos recentes mostraram que os FMA podem melhorar o sistema antioxidante tanto em plantas C3 (Leymus chinensis) como em plantas C4 (Hemarthria altissima) através de uma via mediada pela atividade dos FMA. [462-470].

A pressão da água é uma das principais limitações da agricultura nas regiões tropicais semi-áridas. Sabe-se que tem um impacto negativo na produtividade das culturas e no potencial de rendimento. [463].

A ocorrência da fotossíntese é dificultada e o delicado sistema de regulação do oxigénio nos nódulos é perturbado. A fixação do azoto é essencial para a forte concentração de energia das plantas. A relação positiva com os FMA pode proteger as plantas dos efeitos adversos do stress hídrico, como ilustrado na Figura 23. [435,542].

No seu estudo, Aalipour e colegas (2020) descobriram que a utilização de inoculantes naturais melhorou o crescimento das folhas e das raízes, impedindo a diminuição habitual da relação raiz/parte aérea e do peso das raízes em condições de baixo teor de fósforo e de stress hídrico no amendoim.

Os FMA ajudam a absorver minerais essenciais como o azoto e o fósforo em ambientes com disponibilidade limitada de água. [435].

Figura 23

Reduzir o impacto do stress hídrico através da utilização de inoculações de FMA e da formação de uma associação micorrízica.

A humidade inadequada do solo é comunicada aos rebentos através de sinais químicos não pressurizados. Estes sinais são transferidos das raízes desidratadas para os rebentos acima do solo através do sistema de transpiração.

Os sinais desta resposta incluem crescimento atrofiado e diminuição da atividade estomática nas folhas. Os fungos micorrízicos arbusculares convertem o sinal da raiz para o rebento de um processo que não é conduzido pela água para indicar a secura do solo, influenciando o comportamento das folhas.

As extensas hifas do FMA aumentam a superfície de absorção das raízes, reduzindo a resistência à absorção de água. Estudos demonstraram que a FMA desempenha um papel no alívio do stress hídrico nas plantas, levando a uma maior resistência à seca. Além disso, há uma dependência crescente dos FMA para a absorção de nutrientes, o que ajuda a aliviar os problemas de pressão hídrica. [466- 469].

Bioremediação

É importante notar que todos os microrganismos, incluindo os FMA, desenvolveram mecanismos para se protegerem da exposição a metais pesados. Estes mecanismos incluem a "tolerância", em que o organismo pode continuar a funcionar na presença de níveis elevados de concentrações internas de metais, e a "aversão", em que o organismo pode restringir a absorção de metais. [472,473].

A fitorremediação, que envolve a utilização de plantas para extrair metais nocivos do solo, está a tornar-se cada vez mais popular como uma abordagem prática e ecológica para a limpeza de terrenos contaminados.

Estudos recentes indicam que os FMA desenvolveram métodos

para reter compostos metálicos, formando partículas de fosfato no solo, absorvendo quitina na parede celular dos fungos e, por fim, ligando metais pesados no FMA. Estes métodos têm o potencial de diminuir o risco de contaminação por metais pesados em sistemas de culturas mistas e, consequentemente, em ecossistemas naturais. [473- 476].

As plantas com colonização micorriza nas suas raízes podem reduzir a transferência de metais pesados para os rebentos, aprisionando os metais pesados nas paredes celulares dos fios de ligação nas raízes. Desta forma, a micorriza ajuda as plantas a adaptarem-se ao seu ambiente e a sobreviverem em zonas contaminadas. [477].

Um investigador propôs que as hifas AM poderiam atuar como filtros de metais nas plantas, encerrando as substâncias nocivas em grânulos de polifosfato. A toxicidade dos metais pode ter um impacto em várias linhas de fungos AM. Diferentes linhas de fungos AM são vulneráveis ao envenenamento por metais. A colonização de uma planta por FMA pode afetar a sua capacidade de resistir à morte.

A abundância de hifas externas produzidas pelo fungo pode ter como objetivo a captura de metais para proteger a planta. A eficácia desta proteção dependeria das alterações ecológicas provocadas pelos fungos AM em resposta à presença de metais tóxicos. O parasita micorrízico Glomus caledonium parece ser uma opção promissora para remediar solos contaminados com níveis elevados de metais. [478-480].

Alterações no hospedeiro induzidas por fungos micorrízicos arbusculares para gerir metais pesados

As hifas de expansão rápida que conseguem sobreviver em situações ambientais difíceis, como a exposição a metais tóxicos, desempenham um papel importante na ajuda às plantas hospedeiras na criação de ligações simbióticas.

Acredita-se geralmente que os fungos micorrízicos arbusculares (FMA) podem melhorar os mecanismos de defesa natural das plantas que colonizam, ajudando assim no crescimento das plantas em solos contaminados com metais pesados. A presença de metais pesados nas culturas, frutas, legumes e solo pode resultar em vários problemas de saúde. Ao longo da relação simbiótica, os FMA podem induzir várias alterações na planta hospedeira, a fim de a preparar melhor para lidar com o ambiente perigoso em que se encontra.. [481- 486.

A inoculação com fungos micorrízicos, nomeadamente Rhizophagus aggregates, leva à produção de glomalina, que reduz significativamente as concentrações de Cd, Pb, Zn e Cu nos ramos.

Este processo ajuda a aliviar o stress de Zn, melhorando a absorção de nutrientes e regulando a absorção de Zn a nível genético. Numerosos estudos demonstraram que a inoculação de fungos micorrízicos pode reduzir significativamente os danos estruturais induzidos por metais pesados nas células das plantas hospedeiras.

A investigação de Kuhn revelou que o citoplasma do fungo micorrízico continha níveis mais elevados de Cd, Ti e Ba em comparação com as células hospedeiras do feto, o que sugere a existência de um mecanismo de "filtragem". A inoculação com Acaulospora morrowiae, Gigaspora albida e Rhizophagus clarus (FMA) reduziu notavelmente os sintomas associados ao stress causado por metais pesados. [487- 490]

Em condições de stress, pode observar-se a ultra-estrutura das células das folhas e das raízes de Leucaena leucocephala (Lam.). Estudos demonstraram que a colonização por FMA ajuda Phragmites australis (Cav.) Trin. ex Steud. a tornar-se mais tolerante a [483-485].

Temperatura (alta e baixa)

As reacções da comunidade vegetal podem ser influenciadas pelas interações com os FMA à medida que as temperaturas do solo aumentam, a fim de manter um rendimento e uma produtividade sustentáveis.

As temperaturas elevadas no solo podem ter um impacto significativo no crescimento e desenvolvimento das plantas, conduzindo a vários efeitos, como a perda de vitalidade das plantas e a inibição da germinação das sementes. Também resulta numa diminuição da taxa de crescimento e da produção de biomassa das plantas. Além disso, o stress térmico pode provocar a murchidão e a queimadura das folhas e dos órgãos reprodutores, bem como a queda e o envelhecimento das folhas. Os frutos também podem sofrer danos e descoloração. Além disso, pode haver uma diminuição do rendimento e morte celular, juntamente com uma redução da altura das plantas e dos ramos. [584].

Foram efectuados estudos exaustivos sobre a relação entre o FMA Glomus fasciculatum e o crescimento e desenvolvimento das plantas. (Figura 24).

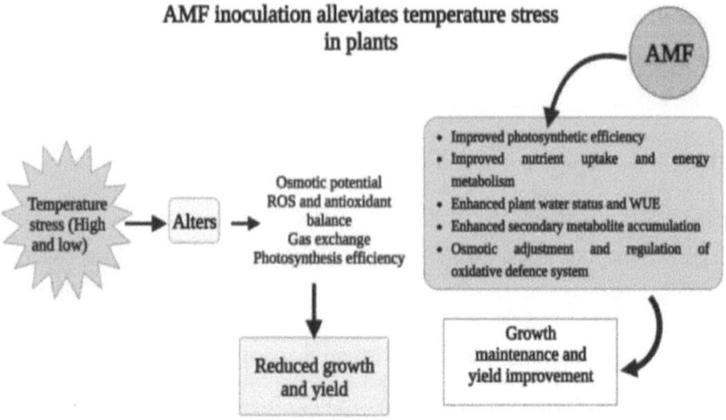

Figura 24

A inoculação de FMA alivia o stress térmico nas plantas.

Os fungos micorrízicos arbusculares (FMA) têm a capacidade de aumentar a resistência das plantas ao stress do frio. Além disso, estudos demonstraram que as plantas tratadas com FMA a baixas temperaturas apresentam um melhor crescimento em comparação com as plantas sem tratamento com FMA.

Os FMA ajudam as plantas a lidar com o stress do frio e, em última análise, melhoram o crescimento geral das plantas. [485].

Durante o stress pelo frio, as plantas que foram inoculadas com FMA mostram uma melhor capacidade de conservar e utilizar eficientemente a água. A relação simbiótica entre os FMA e as plantas melhora a absorção de água e as trocas gasosas, bem como o ajustamento osmótico.

O FMA também aumenta a síntese de clorofila, levando a concentrações mais elevadas de metabolitos nas plantas sob stress pelo frio. Além disso, verificou-se que o FMA tem impacto no teor de proteínas em vegetais como o tomate durante o stress por frio. [487490].

Estirpe de sal

A salinização do solo não só põe em perigo a segurança alimentar global como também representa um problema ambiental significativo. Este problema conduz a uma abundância de espécies reactivas de oxigénio que são prejudiciais para o crescimento das plantas. A investigação realizada no laboratório tem-se centrado na compreensão dos efeitos do stress salino no crescimento das plantas. Estudos recentes exploraram formas de prevenir os danos oxidativos causados pelo stress salino. [484]

Verificou-se que estes microrganismos têm um efeito negativo no crescimento das plantas, impedindo o crescimento vegetativo e a assimilação líquida, o que leva a uma redução do rendimento. Para além de aumentar a produtividade das culturas em solos salinos, o FMA tem sido estrategicamente utilizado para atenuar os impactos nocivos do stress salino nas plantas. [490].

A simbiose com FMA é vantajosa em ambientes salinos. [487,488], No stress da salinidade, o FMA desempenha um papel significativo na redução do impacto negativo na fotossíntese. Foi demonstrado que a inoculação de plantas micorrizadas melhora consideravelmente a taxa fotossintética, as caraterísticas das trocas gasosas, os níveis de clorofila e a eficiência da utilização da água de Ocimum basilicum L. Em comparação com plantas não inoculadas, as plantas inoculadas com micorrizas apresentam um crescimento melhorado.

Especificamente, observou-se que as plantas de alho se desenvolvem melhor em ambientes salinos com a inoculação de FMA, mostrando melhorias no índice de área foliar e na biomassa fresca e seca. [489, 491].

Em condições moderadamente salinas, a utilização da inoculação micorrízica resulta em aumentos notáveis nos pesos frescos e secos das plantas, bem como em concentrações mais elevadas de azoto tanto nos rebentos como nas raízes [492]. Ao introduzir fungos micorrízicos arbusculares na planta, é possível regular eficazmente os níveis de factores que promovem o crescimento. O aumento dos níveis de citocininas tem sido associado a um aumento significativo

na atividade fotossintética em plantas que enfrentam stress salino [493]. Os efeitos promotores de crescimento do FMA sob stress salino podem ser atribuídos a alterações no conjunto de poliaminas [494]. Foi observado que o aumento dos níveis de estrigolactona minimizou muito o impacto prejudicial do stress salino em plantas de alface que tinham sido tratadas com FMA. [495].

Investigações anteriores indicam que as plantas que formaram uma relação simbiótica com fungos micorrízicos arbusculares (FMA) demonstram uma diminuição do stress oxidativo, limitando a peroxidação das membranas lipídicas quando expostas a níveis elevados de sal [493,496].

Além disso, verificou-se que a introdução de FMA aumenta a presença de ácidos orgânicos em plantas que enfrentam stress salino, melhorando assim a osmorregulação. Observou-se que as plantas cultivadas em condições salinas tendem a produzir mais ácidos orgânicos, e o FMA foi associado a um aumento dos níveis de betaína nas plantas de milho.

Isto implica que o FMA influencia indiretamente o equilíbrio osmótico da planta, tendo um impacto direto na osmorregulação em resposta ao stress da salinidade [488]. Ao alterar várias caraterísticas da planta, o FMA pode ajudar as plantas a se adaptarem a condições estressantes, tanto fisiologicamente quanto morfologicamente [486,497].

Os fungos micorrízicos arbusculares desempenham um papel crucial na melhoria da sobrevivência das plantas em condições de stress, aumentando a absorção de minerais, particularmente fósforo, cobre, zinco e água [490]. Estes fungos apresentam uma elevada tolerância a condições desfavoráveis do solo e do clima, constituindo um mecanismo de proteção contra vários tipos de stress [418,466].

A salinização do solo é um problema premente nas regiões áridas e semi-áridas de todo o mundo, conduzindo a um aumento do stress de salinidade nas plantas [485,498].

A presença de FMA pode ajudar a aliviar o stress da salinidade, que impõe desafios fisiológicos às plantas ao perturbar o equilíbrio iónico, danificar organelos celulares, inibir a respiração e a fotossíntese, perturbar a síntese de proteínas e causar desequilíbrios iónicos [499,500].

Embora muitas plantas tolerantes ao sal possam não ter uma forte afinidade com a micorriza, os fungos micorrízicos arbusculares (FMA) podem ainda ser encontrados em condições salgadas. Em solos ligeiramente salgados, os FMA podem ajudar a proteger algumas plantas não tolerantes ao sal contra a redução da produção.

Esta proteção pode envolver a melhoria dos nutrientes das plantas, o incentivo ao crescimento das raízes e a produção de polióis vegetais na planta micorrízica. A presença de fungos micorrízicos arbusculares pode levar a um aumento dos níveis de fósforo, azoto e outros nutrientes que favorecem o crescimento, o que pode apoiar o crescimento das plantas em ambientes salinos. Como a pandemia continua a afetar empresas em todo o mundo, muitas organizações estão a implementar políticas de trabalho remoto para garantir a segurança dos seus funcionários. Esta mudança para o teletrabalho obrigou as empresas a adaptarem-se a novas formas de trabalho e colaboração. Algumas empresas obtiveram sucesso nesta nova dinâmica, com os funcionários a registarem um aumento da produtividade e da satisfação no trabalho.

No entanto, o trabalho à distância também apresenta o seu próprio conjunto de desafios. Muitos trabalhadores debatem-se com sentimentos de isolamento e solidão quando trabalham a partir de casa. Além disso, a comunicação e a colaboração podem ser mais difíceis num ambiente de trabalho remoto, levando a mal-entendidos e a uma diminuição da eficiência. As empresas precisam de encontrar formas de enfrentar estes desafios e apoiar os seus empregados neste novo ambiente de trabalho.

Algumas organizações implementaram actividades virtuais de formação de equipas para manter a coesão e a moral da equipa. Estas actividades podem incluir happy hours virtuais, jogos de perguntas e respostas em equipa ou workshops online. Ao promover um sentido de ligação e de comunidade entre os empregados, as empresas podem ajudar a aliviar os sentimentos de isolamento e a aumentar o moral.

Para além das actividades de formação de equipas virtuais, as empresas podem também incentivar a realização de reuniões e encontros regulares para garantir uma comunicação aberta entre os membros da equipa. Os gestores desempenham um papel crucial na manutenção de uma comunicação forte com as suas equipas remotas e na prestação de apoio sempre que necessário. Definir expectativas e objectivos claros para o trabalho remoto também pode ajudar os empregados a manterem-se concentrados e motivados.

De um modo geral, o trabalho à distância traz benefícios e desafios para as empresas e para os trabalhadores. Ao adaptarem-se a novas formas de trabalho e ao apoiarem os trabalhadores através de actividades virtuais de criação de equipas e de uma comunicação aberta, as organizações podem navegar com êxito no panorama em mutação do trabalho à distância. [501, 502].

FMA e stresses abióticos combinados

É amplamente aceite que os fungos micorrízicos arbusculares (FMA) têm a capacidade de atenuar os impactos de vários factores de stress, como a seca, a salinidade, a temperatura, as deficiências de nutrientes e a toxicidade de metais pesados, quer ocorram individualmente ou em simultâneo. [503].

Plantas de tomate que foram inoculadas com Scolecobasidium con-striatum mostraram melhorias na produção de biomassa, relações hídricas foliares, condutância estomática e Fv/Fm após serem expostas a uma combinação de seca e salinidade. [504-509].

Os FMA desempenham um papel vital na melhoria do crescimento e da produtividade das plantas quando estas sofrem de stress. Alguns estudos sugerem que os FMA podem ajudar a diminuir os impactos nocivos de diferentes factores de stress que trabalham em conjunto. A simbiose com os FMA ajuda a proteger as plantas de vários stresses não vivos, melhorando a sua taxa fotossintética, absorvendo e armazenando nutrientes minerais, acumulando osmoprotectores, regulando a atividade de enzimas antioxidantes e alterando a ecologia da rizosfera. [506].

Numerosos estudos demonstraram que as condições de stress osmótico, como a falta de irrigação ou a elevada salinidade, podem aumentar o valor nutricional das plantas colonizadas por fungos micorrízicos arbusculares (FMA). Pode haver semelhanças nos mecanismos de tolerância quando as plantas respondem ao stress combinado induzido por FMA. Sugere-se que um mecanismo de resposta comum desencadeado por vários stresses é a modificação dos níveis de fito-hormonas, o aumento da absorção e assimilação de minerais, a acumulação de osmólitos e metabolitos secundários compatíveis e a ativação do sistema antioxidante. [507].

Diferentes tipos de stress e as espécies de FMA podem levar a alterações importantes na expressão de certas proteínas e nos mecanismos pelos quais as plantas compartimentam e armazenam iões nocivos. As caraterísticas das raízes, como as condutividades hidráulicas, podem ser ajustadas para aumentar a tolerância ao stress osmótico. [508].

Os investigadores descobriram que, ao ajustarem as caraterísticas das trocas gasosas e os níveis de determinados metabolitos essenciais, os FMA ajudaram a proteger as sementes de rícino do stress salino. É possível que as propriedades distintas dos FMA possam melhorar a qualidade nutricional das culturas, tornando-as mais benéficas para o consumo humano. Este potencial impacto na agricultura pode ser significativo para o cultivo e utilização de diferentes culturas. No entanto, são necessários mais estudos aprofundados para determinar o papel dos FMA na atenuação dos efeitos de vários factores de stress. [509].

Os impactos das micorrizas

Um dos principais benefícios de uma relação micorrízica, tanto para as plantas como para os fungos, é o aumento do acesso a nutrientes essenciais que normalmente não estão prontamente disponíveis para as raízes das plantas. A transferência de carbono, fósforo e nitrogénio ocorre em quantidades significativas, e estes nutrientes são mais aprofundados na secção relevante.

No entanto, as micorrizas oferecem vantagens adicionais, especialmente para a planta envolvida. As plantas micorrizadas são capazes de absorver nutrientes minerais como potássio, cálcio, cobre, zinco e ferro de forma mais eficiente e em maiores quantidades. Para além disso, a bainha fúngica pode ajudar as plantas a prosperar em solos com níveis elevados de metais pesados.

Foram detectados níveis elevados de zinco, cádmio e arsénico nas bainhas dos fungos, o que leva os investigadores a acreditar que isolados micorrízicos específicos recolhem e aprisionam metais pesados no interior das hifas das bainhas. Isto impede que os metais atinjam os tecidos da planta e, subsequentemente, protege a planta de danos.

Demonstrou-se que a inoculação com fungos micorrízicos arbusculares (AM) aumenta a capacidade das plantas para resistir a ataques de agentes patogénicos, particularmente de fungos nocivos que infectam as raízes das plantas, como sejam Phytophthora parasitica e Fusarium oxysporum. O míldio de Phytophthora do tomateiro, também chamado de podridão de buckeye, com esporos visíveis na superfície do fruto, é ilustrado na Figura 25.

Fig. 25. O míldio de Phytophthora do tomateiro, também chamado de podridão bucal, é evidente pela presença de esporos na superfície do fruto. Esta doença é causada pela infeção por Phytophthora.

Os fungos patogénicos da raiz infectam as raízes mais rapidamente do que os fungos AM, resultando numa competição que pode ultrapassar a micorriza quando as infecções ocorrem simultaneamente.

No entanto, uma vez estabelecida a associação, o risco de infeção patogénica é significativamente reduzido.

As plantas de tomate infectadas com Fusarium e fungos micorrízicos arbusculares (AM) mostraram uma menor percentagem de raízes necróticas (9%) em comparação com as plantas sem AM (32%), como ilustrado na Figura 26.

Além disso, verificou-se que a infeção com AM diminui os

ataques de nemátodos; por exemplo, o rendimento das sementes de algodão diminuiu 45% quando infectadas com o nemátodo Meloidogyne incognita, mas a inoculação com AM reduziu a perda de rendimento para 25%.

Embora os mecanismos exactos não sejam totalmente compreendidos, foi proposto que o aumento da lenhificação das paredes celulares ou a produção de fitoalexinas pela planta em resposta à inoculação com AM pode contribuir para o aumento da resistência ao agente patogénico.

Fig. 26. Diferentes tipos de plantas de cucurbitáceas reagem de forma diferente ao serem infectadas com um tipo específico de fungo Fusarium que afecta as plantas de cucurbitáceas. O uso da inoculação micorrízica tem o potencial de diminuir os danos causados por essas infecções.

Foi demonstrado que a inoculação com fungos micorrízicos arbusculares (AM) reduz as infecções patogénicas causadas por agentes patogénicos transmitidos pelo solo, mas pode, na realidade, aumentar as infecções por fungos e vírus transmitidos pelo ar.

A proteção contra os agentes patogénicos das raízes é particularmente forte nas raízes ectomicorrízicas (ECM), que utilizam várias estratégias para combater os ataques dos agentes patogénicos:

- 80% das Trichloma spp. excretam antibióticos e Boletus e Clitocybe emitem substâncias antimicóticas.

- Outros microrganismos são encorajados para limitar os agentes patogénicos.

- A planta produz antibióticos sob a orientação dos fungos micorrízicos.

- O espesso revestimento fúngico confere proteção estrutural à raiz, actuando como uma barreira mecânica que protege eficazmente contra agentes patogénicos que visam o tecido vegetal mas não podem infetar o tecido fúngico.

Os fungos micorrízicos podem também beneficiar as plantas, aumentando **a** sua **tolerância a condições adversas**. O crescimento dos pinheiros com micorrizas pode continuar num solo com um pH mais baixo e uma temperatura mais elevada do que os pinheiros sem micorrizas podem suportar. Do mesmo modo, **o stress hídrico pode ser reduzido** pela infeção micorrízica, através do aproveitamento das reservas de água do solo.

A zona micelial alargada pode absorver água de zonas mais profundas do solo e, assim, prolongar o tempo antes da murchidão. Crucialmente, todos os fungos podem crescer a níveis de potencial hídrico inferiores aos que as plantas podem tolerar. Isto significa que os fungos continuam metabolicamente activos e a procurar água e nutrientes em condições em que as plantas deixariam de crescer. As plantas micorrízicas podem, portanto, continuar a crescer em condições em que as plantas não micorrízicas murchariam e morreriam.

Fig. 27. Os ambientes desérticos têm tipicamente uma elevada presença de relações micorrízicas.

Muitas plantas típicas do deserto, como os cactos, dependem fortemente de associações micorrízicas. Por conseguinte, as micorrizas desempenham um papel crucial no equilíbrio hídrico em ambientes áridos e em solos com baixa retenção de água.

As micorrizas têm o potencial de afetar comunidades vegetais inteiras e plantas individuais. Isto é especialmente verdade para os tipos ECM e AM, que têm níveis muito baixos de especificidade em relação às suas plantas hospedeiras, tornando possível que um único fungo infecte várias plantas numa determinada área e que vários fungos infectem uma única planta.

Este fenómeno leva à formação de uma comunidade micorrízica constituída por plantas e espécies interligadas num habitat específico. Através desta rede, o carbono e os nutrientes minerais podem fluir entre as plantas através dos fungos partilhados, permitindo que as plântulas recebam apoio da sua planta-mãe à medida que se estabelecem, uma ocorrência comum nas árvores florestais.

Isto protege a plântula de perder carbono para o seu fungo, o que é crucial para as plântulas, uma vez que os fungos tendem a utilizar pelo menos 10% dos fotossintatos e as plântulas têm uma capacidade fotossintética limitada.

Ao receberem carbono através da rede micelial, as plântulas podem estabelecer-se em condições desfavoráveis, como a sombra, onde normalmente teriam de lutar contra as plantas adultas. A rede micorrízica interligada nos ecossistemas florestais é frequentemente referida como a teia da floresta.

As plantas sem associações micorrízicas enfrentariam desafios significativos na fase de plântula e teriam de colonizar habitats perturbados. De facto, os habitats que não foram colonizados antes, com poucas outras plantas e sem relações micorrízicas, são tipicamente onde as espécies de plantas não micorrízicas são normalmente encontradas.

Os efeitos adversos da utilização de aplicações micorrízicas

Os bioestimulantes são utilizados na agricultura para aumentar a imunidade das culturas contra agentes patogénicos e factores de stress abiótico, bem como para aumentar a absorção de nutrientes pelas plantas. Em comparação com os fertilizantes, a contribuição de nutrientes dos bioestimulantes por área é mínima. Este facto permite que os bioestimulantes ajudem a melhorar a produtividade agrícola, minimizando a necessidade de nutrientes e pesticidas. [510-512].

Os benefícios da utilização de micorrizas, um bioestimulante popular, foram amplamente documentados na literatura, mas existe pouca informação sobre quaisquer resultados negativos ou insignificantes das experiências. A disparidade entre os muitos resultados positivos e os escassos resultados neutros ou negativos é uma questão reconhecida na comunidade científica. [513-522].

Para compreender processos complexos como o impacto da micorriza nas plantas, é crucial considerar resultados nulos e negativos juntamente com resultados positivos. Não o fazer pode resultar num desequilíbrio nas conclusões científicas, levando potencialmente os investigadores ou os decisores políticos a tirar conclusões incorrectas. [523].

Vários autores sugeriram que a compreensão da micorrizosfera é limitada e que as interações no seu interior são complexas, influenciadas por factores abióticos e bióticos. É evidente que as relações micorriza-planta variam entre diferentes espécies de plantas e podem também variar dentro da mesma espécie, dependendo do tipo de micorriza envolvida. [524,527].

Além disso, é importante ter em conta as interações positivas e negativas entre as micorrizas e as bactérias do solo. Deve também notar-se que os factores abióticos podem ter impacto na forma como a micorriza afecta as plantas [528-532].

Além disso, é importante considerar as interações positivas e negativas entre as micorrizas e as bactérias do solo.

É crucial considerar como os factores não vivos podem afetar os efeitos da micorriza nas plantas. Vários estudos, incluindo os de Tinker et al. (1994), Ruiz-Lozano et al. (2003), e Aikio e Ruotsalainen (2002), demonstraram que as plantas normalmente recebem vantagens da colonização micorrízica em ambientes com nutrientes limitados.

No entanto, factores como a disponibilidade de água e luz não restringem a aquisição de carbono, que é crucial tanto para o crescimento da planta como para o suporte do microssimbionte. Foi observado que a vantagem das plantas de milho que foram inoculadas com Glomus etunicatum aumenta à medida que o stress osmótico se intensifica. [533- 544].

O lado negro da micorriza

Os fungos AM encontram-se em todos os ecossistemas do mundo e formam relações simbióticas com as raízes de aproximadamente 70% das plantas vasculares. Esta relação é considerada mutualista, uma vez que há troca de nutrientes entre a planta e o fungo em ambas as direcções. A planta fornece compostos de carbono ao fungo e recebe em troca nutrientes minerais, como o nitrato e o fosfato. [545, 546]. .

No entanto, há também despesas envolvidas nesta ligação. Acredita-se que a proporção de carbono destinada aos fungos AM seja entre 4% e 20% do gasto total de carbono de uma planta. Exemplos em várias literaturas demonstram a variabilidade desta associação, com efeitos que vão de positivos a neutros e negativos à medida que a colonização por fungos AM progride.

Além disso, foi proposto que as vantagens de uma planta em parceria com fungos associados são influenciadas pelo tipo de fungos AM e pela genética da planta, bem como pela densidade de colonização hifal nas raízes.[547-550]

Numa experiência recente realizada em estufa, investigámos os factores que afectam as interações das plantas com os organismos do solo.

O nosso objetivo era compreender o impacto de diferentes concentrações de um inóculo comercial de fungos AM, que continha quatro espécies de Glomus, no desempenho e na capacidade de resistir à desfoliação da planta anual Datura stramonium. [551]

Um estudo anterior indicou que existe uma relação entre a concentração de inóculo de fungos AM e o desempenho da planta. A relação segue uma curva, como esperado. A função é quadrática e mostra uma diminuição no desempenho da planta com o aumento da concentração de inóculo. Parece haver um nível ótimo de concentração de fungos AM que maximiza os benefícios para a planta. (**Fig. 28** A).

Os resultados indicam que, em D. stramonium, pode não haver uma relação direta entre a presença de fungos AM e a aptidão da planta. É possível que, quando existem níveis elevados de colonização, as micorrizas possam ter impactos negativos na planta, como a competição por nutrientes ou a interferência com outras interações importantes. [552, 553]

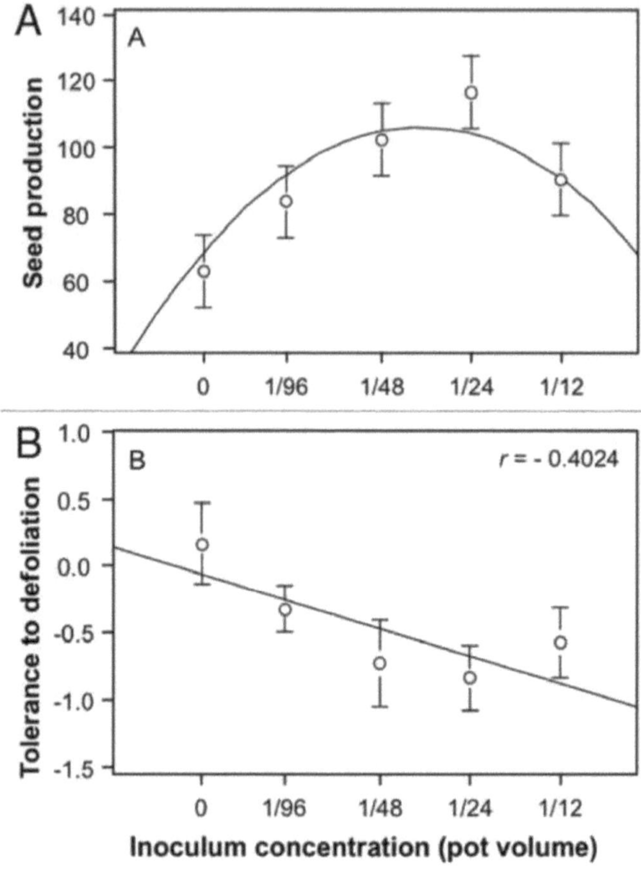

Figura 28

Foi estudado o impacto de níveis variáveis de concentração de inóculo de AM fUngi no desempenho de D. stramonium. Verificou-se que havia uma relação não linear entre a produção de sementes e a concentração de inóculo.

De um modo geral, as plantas atingiram os seus níveis de desempenho mais elevados quando a concentração de inóculo era 1/24 do volume total do vaso. A tolerância à desfolha diminuiu de forma linear com o aumento da concentração de inóculo. A tolerância foi determinada medindo a diferença na produção padronizada de sementes entre plantas geneticamente relacionadas danificadas e não danificadas de seis famílias genéticas de irmãos completos

Foi examinado o impacto de concentrações variáveis de inóculo de fungos AM no crescimento de D. stramonium. (A) Foi observada uma relação curvilínea entre a produção de sementes e a concentração de inóculo.

Tipicamente, as plantas apresentaram um crescimento ótimo a uma concentração de inóculo equivalente a 1/24 do volume total do vaso. (B) A capacidade de resistir à desfoliação diminuiu de forma linear com o aumento da concentração de inóculo. A tolerância foi determinada comparando a produção padronizada de sementes entre plantas danificadas e não danificadas de seis famílias genéticas estreitamente relacionadas.

Os organismos do solo desempenharam um papel na forma como os danos nas folhas acima do solo afectaram as plantas em ambas as situações. Os fungos micorrízicos arbusculares (AM) podem influenciar a eficácia da tolerância como mecanismo de defesa.

Esta influência pode ser crucial, particularmente em situações em que os herbívoros se adaptaram e as plantas podem beneficiar mais da tolerância do que da resistência como estratégia de defesa.[ ][554]

Viabilidade das necessidades tecnológicas e operacionais

Os fertilizantes fosfatados são baratos na maior parte das

regiões do mundo, pelo que os agricultores não estão motivados para utilizar micorrizas.

Em regiões onde os fertilizantes fosfatados são caros ou não estão disponíveis, a ausência de inóculos prontos a usar e os desafios de fazer os seus próprios inóculos são obstáculos importantes, embora estejam a começar a aparecer opções comerciais no mercado.

Estado da tecnologia e seu futuro potencial de mercado

A indústria florestal utiliza frequentemente a inoculação de ectomicorrizas, mas o sector agrícola tem-se mostrado relutante devido aos desafios da produção de micorrizas arbusculares.

No entanto, as aplicações úteis incluem o tratamento de meios de transplante para eliminar os agentes patogénicos do solo, a restauração da vegetação em áreas danificadas e a ajuda à agricultura em regiões secas. [555]

Vantagens

1. As plantas que foram inoculadas com fungos micorrízicos apresentam um maior crescimento devido a uma melhor fotossíntese, e são capazes de transferir 20-30% do carbono absorvido para as raízes subterrâneas.

2. A presença de fungos micorrízicos no solo pode aumentar consideravelmente os níveis de glomalina, levando a um armazenamento mais duradouro de carbono no solo e a uma melhor estrutura do solo.

Desvantagens

1. A introdução de fungos micorrízicos nativos não é muito bem sucedida e pode ter impactos negativos quando são utilizados fertilizantes químicos sem a adição de fertilizantes orgânicos.
2. As culturas de micorrizas arbusculares utilizadas na agricultura requerem uma planta hospedeira, o que torna o seu cultivo difícil. No entanto, estão a começar a ser vendidas comercialmente, especialmente nos Estados Unidos. [556].

Classificação dos fungos micorrízicos arbusculares

A classificação tradicional dos fungos micorrízicos arbusculares baseava-se principalmente no aspeto externo dos esporos, como o tamanho, a forma e o método de fixação das hifas ao esporo. Este grupo de fungos micorrízicos foi inicialmente colocado na divisão Zygomycota, na classe Zygomycetes, na ordem Endogonales e na família Endogonaceae, que incluía 7 géneros Glomus, Sclerocystis, Acaulospora, Gigaspora, Endogones, Glaziella, Modicella [557].

Depois vieram os cientistas [558] onde colocaram os fungos micorrízicos arbusculares numa divisão independente, que é a divisão Glomeromycota. Esta divisão foi criada com base no aparecimento dos esporos e em estudos moleculares baseados na sequência de bases nitrogenadas nas pequenas unidades de rRNA, que mostraram que este grupo tomou um caminho evolutivo especial que difere dos outros fungos.

Por conseguinte, foi colocada numa divisão especial. A divisão é caracterizada pela presença de reprodução assexuada e pela formação de esporos grandes fora da planta hospedeira na maioria dos casos e, por vezes, dentro da raiz hospedeira, e por vezes são esporocarpos. Esta divisão inclui um filo, quatro ordens e 11 famílias, 150 espécies distribuídas por 25 géneros [559], como mostra a seguinte classificação:

Kingdom :Mycota

Phylum:Glomeromycota

Class:Glomeromycetes

1-Order:Archaeosporales

- Family:Arcaeosporaceae
  Genus:Archaeospora
- Family:Ambisporaceae

  Genus:*Ambispora*
- Family:Geosiphonaceae
  Genus:*Geosiphon*

2-Order:Diversisporales

- Family:Diversisporaceae
  Genus: *Diversispora*
- Family:Gigasporaceae
  Genus: *Gigaspora*

  Inraornatospora

  Paradentiscutata

  Scutellospora
- Family:Pacisporaceae
  Genus:*Pacispora*
- Family:Sacculosporaceae
  Genus:*Saculospora*
- Family:Acaulosporaceae
  Genus:*Acaulospora*

3- Order:Gomerales

- Family:Claroideoglomeraceae
  Genus:*Claroideoglomus*
- Family:Glomeraceae
  Genus:*Glomus*

Diagnóstico fenotípico de esporos de micorrizas arbusculares (AM)

Os esporos destes fungos caracterizam-se por não germinarem se não estiverem perto das raízes do hospedeiro e por serem maiores do que os esporos da maioria dos outros fungos, uma vez que os seus diâmetros variam entre 10 e 1000 micrómetros [560]

Os esporos são de grande importância na identificação das micorrizas, uma vez que todos os métodos de classificação das micorrizas se baseiam no diagnóstico morfológico dos esporos [561], como a cor, a parede exterior e a sua espessura, o número de camadas que forma, a forma da ligação da hifa fúngica ao esporo, a forma do esporo e a sua ligação a outros esporos ou a sua presença isolada [562]. Existem muitos géneros de fungos micorrízicos arbusculares, sendo os mais difundidos e registados no Iraque:

Género Glomus Sp.

Caracteriza-se pelo facto de as cores dos esporos da maioria das espécies deste género serem castanho-escuro, castanho-claro ou amarelo-claro, e alguns deles são incolores ou transparentes. As formas dos esporos variam de esféricas a em forma de pera, e outras são esféricas a ovais.

A superfície do esporo é frequentemente rugosa e, por vezes, lisa ou reticulada. O diâmetro dos esporos da maioria das espécies varia de 50-120 µm e pode chegar a 300 µm. O diâmetro da área de contacto do esporo com o filamento do fungo varia frequentemente entre 10-20 µm, separado do conteúdo do esporo por um septo, obstrução ou espessamento da parede.

Este género é constituído por esporos de Chlamydia. Os esporos são encontrados isoladamente no solo. Tem uma única parede, e a espessura da parede do esporo da maioria das espécies geralmente varia de 4-15 µm. A espessura da parede do fio fúngico na área de contacto varia frequentemente de 2-8 µm, e a Figura (29) mostra a estrutura dos esporos de Glomus sp. de acordo com [563]

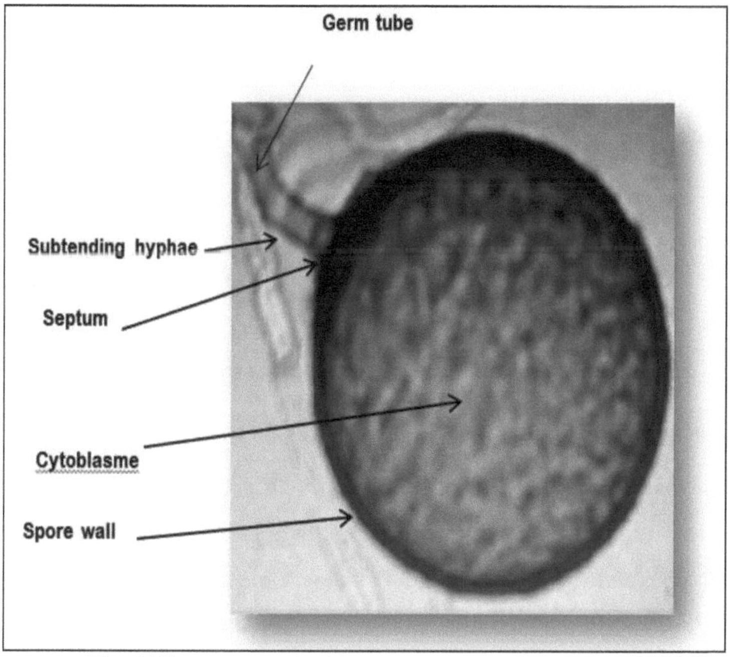

Fig. (29): Esporos de Glomus sp. mycorrhizae [662]

Género *Gigaspora* sp.

Caracteriza-se pelo facto de os seus esporos serem brancos e transparentes, com uma única parede, cuja superfície exterior é frequentemente lisa, e caracteriza-se pela presença de uma tumefação na zona onde o esporo se liga ao esporófito, denominada bulbosa. O esporo é caracterizado pelo seu grande tamanho e pela sua distinta parede de duas camadas, como mostra a Figura (30), de acordo com o que foi descrito em [562]

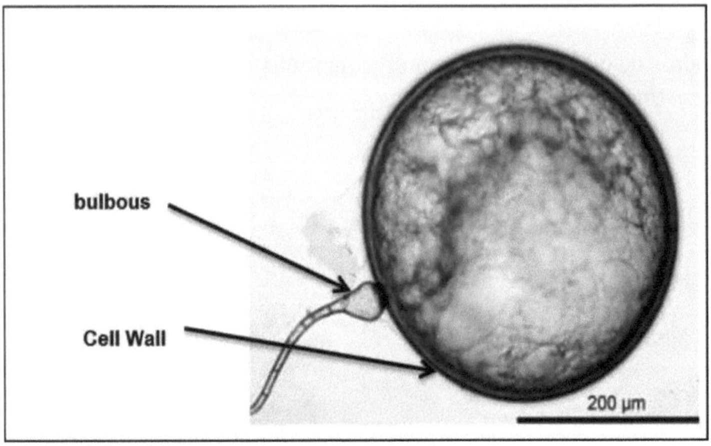

Fig. (30):) Esporo do fungo micorrízico Gigaspora sp. [562]

Género *Acaulospora* sp.

Os esporos deste género são de cor castanha escura. As espécies deste género têm esporos que formam um grande inchaço vesicular no lado da parede da hifa do fungo. O diâmetro do esporo varia de 50-200 µm. A superfície externa da camada da parede é decorada ou contém saliências ou poros. A parede do esporo da maioria das espécies deste género é constituída por duas ou mais camadas. A figura (31) mostra a forma do esporo como descrita por [562]

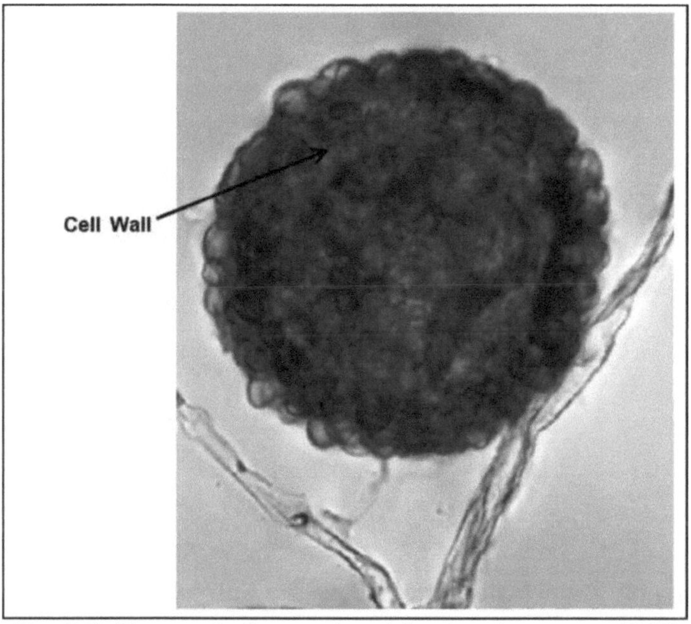

Fig. (31): Esporos do fungo micorrízico Acaulospora sp. [562]

Género *Entrophospora* sp.

Os esporos deste género são de cor amarela escura a castanha. A superfície exterior da parede dos esporos das espécies deste género contém frequentemente saliências finas. A caraterística mais importante deste género é a ligação do esporo a um grande inchaço vesicular. A parede do esporo consiste em duas camadas, uma camada exterior espessa e uma camada interior membranosa, como se mostra na Figura (32) descrita em [562, 563].

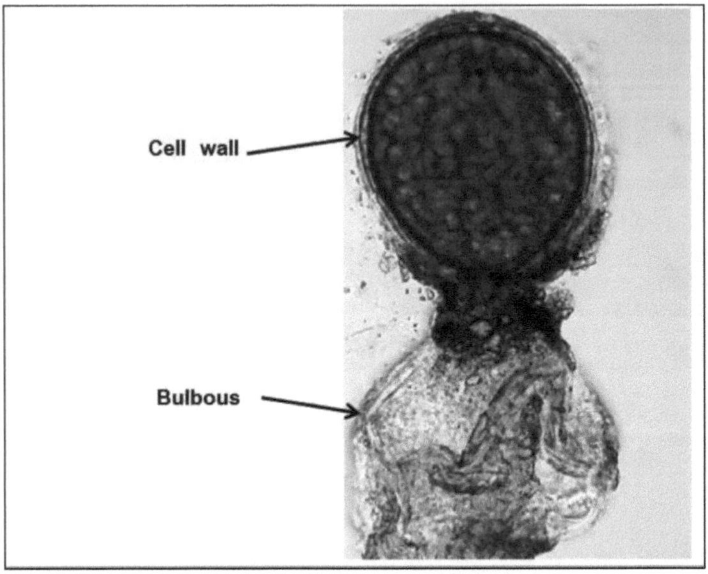

Fig. (32): Esporos do fungo micorrízico Entrophospora sp. [562]

Conclusão

As micorrizas são uma relação simbiótica entre fungos e raízes de plantas. Em troca, a planta fornece ao fungo hidratos de carbono provenientes da fotossíntese. As micorrizas podem apresentar-se sob várias formas, dependendo da planta hospedeira e da taxonomia do fungo.

Existem sete tipos de micorrizas, incluindo Endo (arbuscular), Ecto, Ectendo, Arbutóide, Monotropoide, Ericoide e Orquidácea. As micorrizas desempenham um papel fundamental no ciclo de nutrientes nos ecossistemas e protegem as plantas hospedeiras do stress ambiental.

Os MHB são constituídos por uma gama diversificada de espécies Gram-negativas e Gram-positivas [174]. Os basidiomicetas envolvidos em interações com MHB incluem os relacionados com ectomicorrizas e micorrizas arbusculares [173].

Vários estudos demonstraram que estes MHB podem melhorar a forma como a raiz reconhece e interage com o parceiro fúngico. Além disso, podem também promover o crescimento do fungo micorrízico. Além disso, acredita-se que os MHB induzem alterações na rizosfera e melhoram a germinação de propágulos de fungos. [140, 173, 174].

As MHB têm um elevado potencial na agroindústria devido aos seus vários benefícios para o ecossistema. Estas bactérias podem aumentar a abundância de propágulos micorrízicos, conduzindo consequentemente a melhores propriedades do solo e a um aumento do rendimento agrícola quando introduzidas no solo. [174,176].

Deve ser realizada investigação adicional com um desenho paralelo em vários tipos de solo com diferentes níveis de nutrientes, incluindo exames minuciosos do microbioma do solo, para demonstrar os efeitos da micorriza em diversas condições ambientais. Para aumentar a aceitação de produtos à base de micorriza e bactérias do solo na agricultura, é importante compreender melhor os seus potenciais benefícios e limitações em aplicações práticas.

Muitos trabalhos de investigação já demonstraram o impacto positivo dos FMA na promoção do crescimento das plantas em condições de stress. Por conseguinte, esta revisão combina a informação existente sobre o papel dos FMA para explorar a sua relação simbiótica com diferentes plantas sob stress.

Embora o FMA fosse anteriormente conhecido principalmente pelo seu papel na absorção de nutrientes do solo, estudos recentes demonstraram que as plantas inoculadas com FMA podem resistir eficazmente a stresses ambientais como a salinidade, a seca, a deficiência de nutrientes, a alcalinidade, o frio e as temperaturas extremas, levando a um aumento do rendimento das culturas e dos vegetais por hectare.

Os fungos micorrízicos arbusculares (FMA) têm a capacidade de aumentar a absorção de nutrientes como o fósforo, o azoto e o zinco, bem como de melhorar a disponibilidade de micronutrientes importantes.

Quando presentes no solo, os FMA podem melhorar a estrutura do solo e promover o crescimento de microrganismos benéficos, ajudando as plantas a desenvolver uma maior resistência à seca e às doenças. Como resultado, a promoção da colonização de FMA no solo pode potencialmente levar a melhorias na produtividade e no rendimento das culturas no futuro.

Os agricultores podem aumentar a sua produtividade e tornar a sua produção mais sustentável, melhorando a acessibilidade, a funcionalidade e a resiliência climática dos FMA em novas cultivares.

Isto é crucial para garantir a segurança alimentar global. Ao incorporar esta abordagem, a necessidade de energia e de factores de produção artificiais pode ser significativamente reduzida, melhorando também a eficiência dos organismos benéficos e a sustentabilidade dos sistemas agrícolas. Este método não só aumenta os rendimentos, como também ajuda a minimizar as perdas de colheitas causadas por pragas, doenças e condições climatéricas extremas, tirando o máximo partido dos recursos naturais, como a água e os nutrientes.

Vários investigadores sugerem que o fornecimento de micorrizas às plantas pode levar a uma maior absorção de nutrientes e água do solo.

Além disso, a melhoria da resistência às doenças e ao stress é conseguida através do aumento da absorção de nutrientes e de água. Em última análise, isto leva a uma redução da utilização de fertilizantes e de outros factores de produção na agricultura, o que resulta numa maior sustentabilidade e numa melhor relação custo-eficácia, aumentando simultaneamente o rendimento e a qualidade das culturas.

Além disso, o FMA suplementa o solo com nutrientes essenciais como o azoto, o fósforo e o potássio, promovendo o crescimento das culturas ao reter a humidade no solo. Para além destas vantagens, outros benefícios incluem a redução da erosão, o controlo de ervas daninhas e o aumento da matéria orgânica do solo.

Espera-se que as vantagens mencionadas resultem numa maior produtividade agrícola e num ambiente mais saudável devido a estes benefícios. O crescimento das plantas é facilitado pela ligação simbiótica entre os fungos micorrízicos e as plantas, permitindo que estas obtenham nutrientes e água de forma mais eficiente.

Como resultado, as plantas podem crescer mais rapidamente e mais fortes e remover substâncias nocivas do solo, o que leva a um aumento da produção, a uma melhoria da saúde do solo e a um ecossistema mais resistente.

Referências

1. Deacon, Jim. "O mundo microbiano: Mycorrhizas". bio.ed.ac.uk (arquivado). Arquivado do original em 2018-04-27. Recuperado em 11 de janeiro de 2019.

2. Kirk, P. M.; Cannon, P. F.; David, J. C.; Stalpers, J. (2001). Ainsworth and Bisby's Dictionary of the Fungi (9ª ed.). Wallingford, Reino Unido: CAB International.

3. Wu, Qiang-Sheng, ed. (2017). Micorrizas Arbusculares e Tolerância ao Stress das Plantas (1ª ed.). Springer Singapore. p. 1. doi:10.1007/978-981-10-4115- 0. ISBN 978-981-10-4115-0.

4. Johnson, N. C.; Graham, J. H.; Smith, F. A. (1997). "Functioning of associações micorrízicas ao longo do continuum mutualismo-parasitismo". New Phytologist. **135** (4): 575-585. doi:10.1046/j. 1469-8137.1997.00729.x. S2CID 42871574.

5. Kottke, I.; Nebel, M. (2005). "A evolução das associações do tipo micorriza em hepáticas: Uma atualização". New Phytologist. **167** (2): 330 334. doi:10.1111/j.1469-8137.2005.01471.x. PMID 15998388.

6. Jump up to:[a b c d] Remy, W.; Taylor, T. N.; Hass, H.; Kerp, H. (6 de dezembro de 1994). "Micorrizas vesiculares arbusculares com quatrocentos milhões de anos". Actas da Academia Nacional de Ciências. **91** (25): 11841 11843. Bibcode:1994PNAS...9111841R. doi:10.1073/pnas.91.25.11841. PMC 45331. PMID 11607500.

7. Fortin, J. André; et al. (2015). Les Mycorhizes (segunda ed.).

Versaillles: Inra. p. 10. ISBN 978-2-7592-2433-3.

8. Harris, Brogan J.; Clark, James W.; Schrempf, Dominik; Szollosi, Gergely J.; Donoghue, Philip C. J.; Hetherington, Alistair M.; Williams, Tom A. (2022-09-29). "Trajectórias evolutivas divergentes de briófitas e traqueófitas a partir de um antepassado comum complexo de plantas terrestres". Nature Ecology & Evolution. **6** (11): 1634 1643. Bibcode:2022NatEE...6.1634H. doi:10.1038/s41559-022-01885- x. PMC 9630106. PMID 36175544.

9. Puginier, Camille; Keller, Jean; Delaux, Pierre-Marc (2022-08-29). "Planta interações entre micróbios que tiveram impacto na terrestrialização das plantas". Fisiologia Vegetal. **190** (1): 72 84. doi:10.1093/plphys/kiac258. PMC 9434271. PMID 35642902.

10. Miyauchi, Shingo; Kiss, Eniko; Kuo, Alan; et al. (2020). "O sequenciamento do genoma em grande escala de fungos micorrízicos fornece insights sobre a evolução inicial de caraterísticas simbióticas". Natureza das Comunicações. **11** (1): 5125. Bibcode:2020NatCo..11.5125M. doi:10.1038/s41467-020-18795-w. PMC 7550596. PMID 33046698.

11. Provorov, N. A.; Shtark, O. Yu; Dolgikh, E. A. (2016). "[Evolução das simbioses fixadoras de nitrogênio com base na migração de bactérias de fungos micorrízicos e do solo para os tecidos vegetais]". Zhurnal Obshchei Biologii. **77** (5): 329-345. PMID 30024143.

12. Brundrett, Mark C.; Tedersoo, Leho (2018). "História evolutiva

das simbioses micorrízicas e diversidade global de plantas hospedeiras". Novo fitologista. **220** (4): 1108-1115. doi:10.1111/nph.14976. PMID 29355963.

13. Jump up to:[a b c d] Perotto, Silvia; Daghino, Stefania; Martino, Elena (2018). "Fungos micorrízicos ericoides e seus genomas: outro lado da simbiose micorrízica?". Novo Fitólogo. **220** (4).

14. Harley, J. L.; Smith, S. E. 1983. Mycorrhizal symbiosis (1ª ed.). Academic Press, Londres.

15. Saltar para:[a] [b] Allen, Michael F. 1991. The ecology of mycorrhizae. Cambridge University Press, Cambridge.

16. Selosse, Marc-Andre; Petroli, Remi; Mujica, Maria; Laurent, Liam; Perez-Lamarque, Benoit; Figura, Tomas; Bourceret, Amelia; Jaquemyn, Hans; Li, Taiqiang; Gao, Jiangyun; Minasiewicz, Julita; Martos, Florent (2021). "A hipótese da sala de espera revisitada pelas orquídeas: os fungos micorrízicos das orquídeas foram recrutados entre os endófitos das raízes?". Anais da Botânica. **129** (3).

17. Jump up to:[a b c d] Howard, Nathan; Pressel, Silvia; Kaye, Ryan S.; Daniell, Tim J.; Field, Katie J. (2022). "O papel potencial de Mucoromycotina 'endófitos de raiz fina' na nutrição de nitrogênio da planta". Physiologia Plantarum. **174** (3).

18. Peterson, R. L.; Massicotte, H. B. & Melville, L. H. (2004). Micorrizas:
anatomia e biologia celular. Conselho Nacional de Investigação Investigação
Press. ISBN 978-0-660-19087-7. Arquivado do original em 2007-12-25.

19. Saltar para:[a] [b] [c] [d] [e] Wang, B.; Qiu, Y.-L. (julho de 2006). "Distribuição filogenética e evolução das micorrizas em plantas terrestres". Mycorrhiza. **16** (5): 299-363. Bibcode:2006Mycor..16..299W. doi:10.1007/s00572-005-0033-6. PMID 16845554. S2CID 30468942.

20. "Orquídeas e fungos: Um caso inesperado de simbiose". Jornal Americano de Botânica. 12 de julho de 2011. Arquivado do original em 2011-07-15. Recuperado em 24 de julho de 2012.

21. Jump up to:[a] [b] [c] [d] Ward, Elisabeth B.; Duguid, Marlyse C.; Kuebbing, Sara E.; Lendemer, James C.; Bradford, Mark A. (2022). "O papel funcional das plantas e fungos micorrízicos ericoides na dinâmica do carbono e do nitrogênio nas florestas". Novo fitologista. **235** (5).

22. den Bakker, Henk C.; Zuccarello, G. C.; Kuyper, Th. W.; Noordeloos, M. E. (julho de 2004). "Evolução e especificidade do hospedeiro no género ectomicorrízico Leccinum". New Phytologist. **163** (1): 201-215. doi:10.1111/j. 1469-8137.2004.01090.x. PMID 33873790.

23. Saari, S. K.; Campbell, C. D.; Russell, J.; Alexander, I. J.; Anderson, I. C. (14 de outubro de 2004). "Os marcadores de microssatélites de pinheiro permitem que raízes e ectomicorrizas sejam ligadas a árvores individuais". New Phytologist. **165** (1): 295-304. doi:10.1111/j.1469-8137.2004.01213.x. PMID 15720641.

24. Rinaldi, A. C.; Comandini, O.; Kuyper, T. W. (2008). "Diversidade de fungos ectomicorrízicos: separando o trigo do joio" (PDF). Fungal Diversity. **33**: 1-45. Arquivado (PDF) do original em 24/07/2011. Recuperado em 2011-05-23.

25. Martin, Francis M.; van der Heijden, Marcel G. A. (2024). "A simbiose micorrízica: fronteiras de investigação em genómica, ecologia e aplicação agrícola". New Phytologist. **242** (4).

26. Karst, Justine; Jones, Melanie D.; Hoeksema, Jason D. (2023-02 13). "O viés de citação positiva e os resultados superinterpretados levam à desinformação sobre redes micorrízicas comuns nas florestas". Nature Ecology & Evolution. **7** (4): 501
511. Bibcode:2023NatEE...7..501K. doi:10.1038/s41559-023-01986-1. ISSN 2397-334X. PMID 36782032. S2CID 256845005.

27. Simard, Suzanne W.; Perry, David A.; Jones, Melanie D.; Myrold, David D.; Durall, Daniel M. & Molina, Randy (1997). "Transferência líquida de carbono entre espécies de árvores ectomicorrízicas no campo". Nature. **388** (6642): 579582. Bibcode:1997Natur.388..579S. doi:10.1038/41557. S2CID 4423207.

28. Os fungos matam os insectos e alimentam as plantas hospedeiras BNET.com

29. Klironomos, J. N.; Hart, M. M. (2001). "Troca de azoto animal por plantas
carbono". Nature. **410** (6829): 651-
652. Bibcode:2001Natur.410..651K. doi:10.1038/35070643. PMID 11287942 . S2CID 4418192.

30. Cejpková, J.; Gryndler, M.; Hrselová, H.; Kotrba, P.; Randa, Z.; Grenová, I.;
Borovicka, J. (2016). "Bioacumulação de metais pesados, metalóides e cloro em ectomicorrizas de área poluída por fundição". Poluição Ambiental. **218**: 176

185. Bibcode:2016EPoll.218..176C. doi:10.1016/j.envpol.2016.08.009. PMID 27569718.

31. Martin, F.; Aerts, A.; et al. (2008). "O genoma de Laccaria bicolor fornece
conhecimentos sobre a simbiose micorrízica" (PDF). Nature. **452** (7183): 88
92. Bibcode:2008Natur.452...88M. doi:10.1038/nature06556. PMID 1832253
4.

32. Miyauchi, Shingo; Kiss, Eniko; Kuo, Alan; Drula, Elodie; Kohler, Annegret;
Sánchez-García, Marisol; Morin, Emmanuelle; Andreopoulos, Bill; Barry, Kerrie W.; Bonito, Gregory; Buée, Marc; Carver, Akiko; Chen, Cindy; Cichocki, Nicolas; Clum, Alicia (2020-10-12). "O sequenciamento do genoma em grande escala de fungos micorrízicos fornece insights sobre a evolução inicial de caraterísticas simbióticas". Natureza das Comunicações. **11** (1):
5125. Bibcode:2020NatCo ..11.5125M. doi:10.1038/s41467-020-18795-
w. ISSN 2041-1723. PMC 7550596. PMID 33046698.

33. Brundrett, Mark (2004). "Diversidade e classificação das micorrizas
associações". Biological Reviews. **79** (3). Wiley: 473
495. doi:10.1017/s1464793103006316. ISSN 14647931. PMID 15366760. S2CID 33371246.

34. "Algumas plantas podem depender mais de fungos amigos do que

das suas próprias folhas: Estudo". Business Standard. Imprensa Confiança da Índia. 20 de outubro de 2019.

35. Lanfranco, Luisa; Bonfante, Paola; Género, Andrea (2016-12-23). Heitman, Joseph; Howlett, Barbara J. (eds.). "A Interação Mutualística entre Plantas e Fungos Micorrízicos Arbusculares". Microbiology Spectrum. **4** (6): 4.6.14. doi:10.1128/microbiolspec.FUNK-0012-2016. hdl:2318/1627235. ISSN 2165-0497. PMID 28087942.

36. Kiers, E. Toby; Duhamel, Marie; Beesetty, Yugandhar; Mensah, Jerry A.;
Franken, Oscar; Verbruggen, Erik; Fellbaum, Carl R.; Kowalchuk, George A.; Hart, Miranda M.; Bago, Alberto; Palmer, Todd M.; West, Stuart A.; Vandenkoornhuyse, Philippe; Jansa, Jan; Bücking, Heike (2011-0812). "Recompensas recíprocas estabilizam a cooperação na simbiose micorrízica". Science. **333** (6044): 880
882. Bibcode:2011Sci...333..880K. doi:10.1126/science.1208473. ISSN 00368075. PMID 21836016. S2CID 44812991.

37. Simon, L.; Bousquet, J.; Lévesque, R. C.; Lalonde, M. (1993). "Origem e
diversificação dos fungos endomicorrízicos e coincidência com as plantas terrestres vasculares". Nature. **363** (6424): 67
69. Bibcode:1993Natur.363...67S. doi:10.1038/363067a0. S2CID 4319766.

38. Instituto Internacional de Análise de Sistemas Aplicados (07/11/2019). "Plantas e fungos juntos podem retardar as mudanças climáticas". phys.org -us. Recuperado em 12/11/2019.

39. Hijri, M.; Sanders, I. R. (2005). "O baixo número de cópias de genes mostra que
os fungos micorrízicos arbusculares herdam núcleos geneticamente diferentes". Nature. **433** (7022): 160
163. Bibcode:2005Natur.433..160H. doi:10.1038/nature03069. PMID 156507
40. S2CID 4416663.
40. Prout, James N.; Williams, Alex; Wanke, Alan; Schornack, Sebastian; Ton, Jurriaan; Field, Katie J. (2023). "Mucoromycotina 'endófitos de raiz fina': um novo modelo molecular para mutualismos planta-fungo?". Tendências em Ciências Vegetais. **29** (6).
41. Midgley, DJ; Chambers, SM; Cairney, J. W. G. (2002). "Distribuição espacial
de genótipos de fungos endófitos num sistema radicular de Woollsia pungens (Ericaceae)". Australian Journal of Botany. **50** (5): 559
565. doi:10.1071/BT02020.
42. Read, D. J. & Perez-Moreno, J. (2003). "Micorrizas e ciclagem de nutrientes nos ecossistemas - uma jornada em direção à relevância?". New Phytologist. **157** (3): 475492. doi:10.1046/j.1469-8137.2003.00704.x. PMID 33873410.
43. Li, Taiqiang; Yang, Wenke; Wu, Shimao; Selosse, Marc-Andre; Gao, Jiangyun (2021). "Progresso e perspectivas da diversidade fúngica micorrízica em orquídeas". Fronteiras em Ciência das Plantas. **12**.
44. Trappe, J. M. (1987). "Aspectos filogenéticos e ecológicos da micotrofia nas angiospermas de um ponto de vista evolutivo". Em Safir, G. R. (ed.). Ecophysiology of VA Mycorrhizal Plants. Florida: CRC

Press.
45. Franklin, O.; Nasholm, T.; Hogberg, P.; Hogberg, M. N. (2014). "Florestas
preso na limitação de azoto - uma perspetiva ecológica de mercado sobre a simbiose ectomicorrízica". New Phytologist. **203** (2): 657
666. doi:10.1111/nph.12840. PMC 4199275. PMID 24824576.
46. Hoeksema, Jason D.; Bever, James D.; Chakraborty, Sounak; Chaudhary, V. Bala; Gardes, Monique; Gehring, Catherine A.; Hart, Miranda M.; Housworth, Elizabeth Ann; Kaonongbua, Wittaya; Klironomos, John N.; Lajeunesse, Marc J.; Meadow, James; Milligan, Brook G.; Piculell, Bridget J.; Pringle, Anne; Rúa, Megan A.; Umbanhowar, James; Viechtbauer, Wolfgang;
Wang, Yen-Wen; Wilson, Gail W. T.; Zee, Peter C. (16 de agosto de 2018). "A história evolutiva de hospedeiros de plantas e simbiontes de fungos prevê a força do mutualismo micorrízico". Biologia das Comunicações. **1** (1): 116. doi:10.1038/s42003-018-0120-9. PMC 6123707. PMID 30271996.
47. Thoms, David; Liang, Yan; Haney, Cara H. (2021). "Mantendo a homeostase simbiótica: Como as plantas se envolvem com microorganismos benéficos e, ao mesmo tempo, restringem os patógenos?". Sociedade Internacional para Interações Moleculares Planta-Micróbio. **34** (5).
48. Martin, Francis M.; van der Heijden, Marcel G. A. (2024). "A simbiose micorrízica: fronteiras de investigação em genómica, ecologia e aplicação agrícola". New Phytologist. **242** (4).
49. Ho-Plagaro, Tania; Garcia-Garrido, Jose Manuel (2022).

"Regulação Molecular da Simbiose Micorrízica Arbuscular". Jornal Internacional de Ciências Moleculares. **23** (11).

50. Nasir, Fahad; Bahadur, Ali; Lin, Xiaolong; Gao, Yingzhi; Tian, Chunjie (2021). "Novos insights sobre os receptores do hospedeiro e a sinalização mediada pelo recetor que regulam a simbiose micorrízica arbuscular". Jornal de Botânica Experimental. **72** (5).

51. Ho-Plagaro, Tania; Garcia-Garrido, Jose Manuel (2022). "Regulação Molecular da Simbiose Micorrízica Arbuscular". Jornal Internacional de Ciências Moleculares. **23** (11).

52. Prout, James N.; Williams, Alex; Wanke, Alan; Schornack, Sebastian; Ton, Jurriaan; Field, Katie J. (2023). "Mucoromycotina 'endófitos de raiz fina': um novo modelo molecular para mutualismos planta-fungo?". Tendências em Ciências Vegetais. **29** (6).

53. Ho-Plagaro, Tania; Garcia-Garrido, Jose Manuel (2022). "Régulação Molecular da Simbiose Micorrízica Arbuscular". Jornal Internacional de Ciências Moleculares. **23** (11).

54. Sylvia, David M.; Fuhrmann, Jeffry J.; Hartel, Peter G.; Zuberer, David A. (2005). "Visão geral das simbioses micorrízicas". Princípios e Aplicações da Microbiologia do Solo. Pearson Prentice Hall. ISBN 978-0-13-094117-6. Arquivado do original em 23 de junho de 2010.

55. "Botânica online: Interações - Plantas - Fungos - Relações Parasitárias e Simbióticas - Micorrizas". Biologie.uni-hamburg.de. Arquivado do original em 2011-06-06. Recuperado em 2010-09-30.

56. Saltar para:[a] [b] Harrison, M. J. (2005). "Sinalização no sistema arbuscular
simbiose micorrízica". Annu Rev Microbiol. **59**: 19

42. doi:10.1146/annurev.micro.58.030603.123749. PMID 16153162.

57. Selosse, M. A.; Richard, F.; He, X.; Simard, S. W. (2006). "Micorrizas
redes: des liaisons dangereuses?". Tendências em Ecologia e Evolução. **21** (11): 621
628. Bibcode:2006TEcoE..21..621S. doi:10.1016/j.tree.2006.07.003. PMID 1 6843567.

58. ^ Li, H.; Smith, S. E.; Holloway, R. E.; Zhu, Y.; Smith, F. A. (2006). "Os fungos micorrízicos arbusculares contribuem para a absorção de fósforo pelo trigo cultivado em um solo fixador de fósforo, mesmo na ausência de respostas positivas de crescimento". New Phytologist. **172** (3): 536-543. doi:10.1111/j.1469-8137.2006.01846.x. PMID 17083683.

59. ^ Hogan, C.M. (2011). "Fosfato". Em Jorgensen, A.; Cleveland, C.J. (eds.). Enciclopédia da Terra. Washington DC: Conselho Nacional de Ciência e Meio Ambiente. Arquivado do original em 2012-10-25.

60. ^ Elkan, D. (21 de abril de 2004). "A agricultura de corte e queima tornou-se uma grande ameaça para a floresta tropical do mundo". The Guardian.

61. ^ "O que é a cultura de becos de Inga?". rainforestsaver.org. Arquivado do original em 2011-11-01.

62. ^ Simard, S.W.; Beiler, K.J.; Bingham, M.A.; Deslippe, J.R.; Philip, L.J.;
Teste, F.P. (abril de 2012). "Redes micorrízicas: mecanismos, ecologia e modelação". Revisões de Biologia Fúngica. **26** (1): 39
60. Bibcode:2012FunBR..26...39S. doi:10.1016/j.fbr.2012.01.001.

63. ^ Paul, L. R.; Chapman, B. K.; Chanway, C. P. (1 de junho de 2007). "Nitrogénio
Fixação Associada a Ectomicorrizas Tuberculadas de Suillus tomentosus em Pinus contorta var. latifolia". Anais de Botânica. **99** (6): 1101
1109. doi:10.1093/aob/mcm061. PMC 3243579. PMID 17468111.
64. ^ Azcon-Aguilar, C.; Barea, J. M. (29 de outubro de 1996). "Arbuscular
mycorrhizas and biological control of soil-borne plant pathogens - an overview of the mechanisms involved". Mycorrhiza. **6** (6): 457
464. doi:10.1007/s005720050147. S2CID 25190159.
65. ^ Jung, Sabine C.; Martinez-Medina, Ainhoa; Lopez-Raez, Juan A.; Pozo,
Maria J. (24 de maio de 2012). "Resistência induzida por micorriza e preparação das defesas das plantas". J Chem Ecol. **38** (6): 651
664. Bibcode:2012JCEco..38..651J. doi:10.1007/s10886-012-0134-6. hdl:10261/344431. PMID 22623151. S2CID 12918193.
66. ^ Svenningsen, Nanna B; Watts-Williams, Stephanie J; Joner, Erik J; Battini,
Fabio; Efthymiou, Aikaterini; Cruz-Paredes, Carla; Nybroe, Ole; Jakobsen, Iver (maio de 2018). "Supressão da atividade de fungos micorrízicos arbusculares pela microbiota do solo". O Jornal ISME. **12** (5): 1296-
1307. Bibcode:2018ISMEJ..12.1296S. doi:10.1038/s41396-018-0059-3. PMC 5931975. PMID 29382946.
67. ^ Zeng, Ren-Sen (2006). "Resistência a doenças em plantas

através de fungos micorrízicos induzidos por aleloquímicos". Aleloquímicos: Biological Control of Plant Pathogens and Diseases (Controlo biológico de agentes patogénicos e doenças das plantas). Disease Management of Fruits and Vegetables. Vol. 2. pp. 181-192. doi:10.1007/1-4020-4447-X_10. ISBN 1-4020-4445-3.

68. ^ "Dra. Susan Kaminskyj: Fungos Endorhizal". Usask.ca. Arquivado do original em 2010-11-04. Recuperado em 2010-09-30.

69. ^ "Página de Pesquisa do Dr. Davies". Aggie-horticulture.tamu.edu. Arquivado do original em 2010-10-19. Recuperado em 2010-09-30.

70. ^ Lehto, Tarja (1992). "Micorrizas e resistência à seca de Picea sitchensis (Bong.) Carr. I. Em Condições de Deficiência de Nutrientes". New Phytologist. **122** (4): 661-668. doi:10.1111/j.1469-8137.1992.tb00094.x. JSTOR 2557434.

71. ^ Nikolaou, N.; Angelopoulos, K.; Karagiannidis, N. (2003). "Efeitos de

Drought Stress on Mycorrhizal and Non-Mycorrhizal Cabernet Sauvignon Grapevine, Grafted on Various Rootstocks". Agricultura Experimental. **39** (3): 241

252. doi:10.1017/S001447970300125X. S2CID 84997899.

72. Porcel, Rosa; Aroca, Ricardo; Ruiz-Lozano, Juan Manuel (janeiro 2012). "Alívio do estresse de salinidade usando fungos micorrízicos arbusculares. Uma revisão" (PDF). Agronomia para o Desenvolvimento Sustentável. **32** (1): 181

200. doi:10.1007/s13593-011-0029-x. S2CID 8572482.

73. ^ Jump up to:[a] [b] [c] Babikova, Zdenka; Gilbert, Lucy; Bruce, Toby

J. A.; Birkett, Michael; Caulfield, John C.; Woodcock, Christine; Pickett, John A.; Johnson, David (julho de 2013). "Sinais subterrâneos transportados por comum
as redes miceliais avisam as plantas vizinhas do ataque de afídeos". Ecology Letters. **16** (7): 835
843. Bibcode:2013EcolL..16..835B. doi:10.1111/ele.12115. PMID 23656527.

74. ^ Johnson, David; Gilbert, Lucy (março de 2015). "Sinalização interplantas através de
redes hifais". New Phytologist. **205** (4): 1448
1453. doi:10.1111/nph.13115. PMID 25421970.

75. ^ "Fungos de raiz transformam rocha em solo". Planeta Terra Online. 3 de julho de 2009. Arquivado do original em 2009-07-13.

76. ^ Jeffries, Peter; Gianinazzi, Silvio; Perotto, Silvia; Turnau, Katarzyna;
Barea, José-Miguel (janeiro de 2003). "A contribuição dos fungos micorrízicos arbusculares na manutenção sustentável da saúde das plantas e da fertilidade do solo". Biologia e Fertilidade dos Solos. **37** (1): 1
16. Bibcode:2003BioFS..37....1J. doi:10.1007/s00374-002-0546-5. S2CID 20792333. INIST 14498927.

77. ^ Jump up to:[a] [b] Richardson, David M. (2000). Ecologia e biogeografia de Pinus. Londres: Cambridge University Press. p. 336. ISBN 978-0-521-789103.

78. ^ Tam, Paul C.F. (1995). "Tolerância a metais pesados por fungos ectomicorrízicos e melhoria de metais por Pisolithus tinctorius".

Mycorrhiza. **5** (3): 181187. Bibcode:1995Mycor...5..181T. doi:10.1007/BF00203335. hdl:10722/485 03. S2CID 23867901.

79. ^ Rayner, M. Cheveley (1915). "Simbiose obrigatória em Calluna vulgaris". Anais de Botânica. **29** (113): 97 134. doi:10.1093/oxfordjournals.aob.a089540.

80. ^ Kamienski, Franciszek (1882). "Les organes végétatifs de Monotropa hypopitys L."" [Os órgãos vegetativos de Monotropa hypopitys L.]. Memórias da Société nat. Des Sciences naturelles et mathém. De Cherbourg (em francês). **3** (24).. Berch, S. M.; Massicotte, H. B.; Tackaberry, L. E. (julho de 2005). "Re-publicação de uma tradução de 'The vegetative organs of Monotropa hypopitys L.' publicada por F. Kamienski em 1882, com uma atualização sobre as micorrizas de Monotropa". Mycorrhiza. **15** (5): 323 32. Bibcode:2005Mycor..15..323B. doi:10.1007/s00572-004-0334-1. PMID 15549481. S2CID 3162281.

81. ^ Kamienski, Franciszek (1885). "Über die auf Wurzelsymbiose beruhende Ernahrung gewisser Baume durch unterirdische Pilze" [Sobre a nutrição, através da simbiose radicular, de certas árvores por fungos subterrâneos]. Berichte der Deutschen Botanischen Gesellschaft (em alemão). **3**: 128-145. Da p. 129: "Der ganze Korper ist also weder Baumwurzel noch Pilz allein, sondern ahnlich wie der Thallus der Flechten, eine Vereinigung zweier verschiedener Wesen zu einem einheitlichen morphologischen Organ, welches vielleicht passend als Pilzwurzel, Mycorhiza bezeichnet werden kann." (O corpo inteiro não é, portanto, nem uma raiz de árvore nem um fungo isolado, mas, à

semelhança do talo dos líquenes, uma união de dois organismos diferentes num único órgão morfológico, que pode ser adequadamente designado como "raiz de fungo", uma micorriza).

82. ^ Monz, C. A.; Hunt, H. W.; Reeves, F. B.; Elliott, E. T. (1994). "A resposta da colonização micorrízica ao CO2 elevado e às mudanças climáticas em Pascopyrum smithii e Bouteloua gracilis". Planta e Solo. **165** (1): 7580. Bibcode:1994PlSoi. 165...75M. doi:10.1007/bfO0009964. S2CID 3489361 0.

83. ^ Hobbie, John E.; Hobbie, Erik A.; Drossman, Howard; et al. (2009). "Os fungos micorrízicos fornecem azoto às plantas hospedeiras na tundra árctica e nas florestas boreais: 15N é o sinal-chave". Canadian Journal of Microbiology. **55** (1): 8494. doi:10.1139/w08-127. hdl:1912/2902. PMID 19190704.

84. ^ Heinemeyer, A.; Fitter, A. H. (22 de janeiro de 2004). "Impacto da temperatura na simbiose micorrízica arbuscular (AM): respostas de crescimento da planta hospedeira e seu parceiro fúngico AM". Journal of Experimental Botany. **55** (396): 525-534. doi:10.1093/jxb/erh049. PMID 14739273.

85. ^ Xavier, L. J.; Germida, J. J. (1999). "Impacto das actividades humanas nas micorrizas". Actas do 8° Simpósio Internacional de Ecologia Microbiana.

86. M. G. A. van der Heijden, F. M. Martin, M.-A. Selosse, I. R. Sanders, Mycorrhizal ecology and evolution: The past, the present, and the future. *New Phytol.* **205**, 1406-1423 (2015).

87. L. Tedersoo, "Biogeografia global e invasões de plantas ectomicorrízicas: Past, present and future" in *Biogeography of*

Mycorrhizal Symbiosis,, L. Tedersoo, Ed. (Springer International Publishing, 2017), pp. 469-531.

88. D. J. Read, Mycorrhizas in ecosystems. *Experientia* **47**, 376-391 (1991).

89. R. P. Phillips, E. Brzostek, M. G. Midgley, The mycorrhizal-associated nutrient economy: A mycorrhizal-associated nutrient economy: A new framework for predicting carbon-nutrient couplings in temperate forests. *New Phytol.* **199**, 41-51 (2013).

90. F. Rineau et al., The ectomycorrhizal fungus Paxillus involutus converts organic matter in plant litter using a trimmed brown-rot mechanism involving Fenton chemistry. *Environ. Microbiol.* **14**, 1477-1487 (2012).

91. B. E. Wolfe, R. E. Tulloss, A. Pringle, A perda irreversível de uma via de decomposição marca a origem única de uma simbiose ectomicorrízica. *PLoS One* **7**, e39597 (2012).

92. F. Shah et al., Ectomycorrhizal fungi decompose soil organic matter using oxidative mechanisms adapted from saprotrophic ancestors. *New Phytol.* **209**, 1705-1719 (2016).

93. R. A. Bunn, D. T. Simpson, L. S. Bullington, Y. Lekberg, D. P. Janos, Revisitando a hipótese da "ciclagem direta de minerais": Os fungos micorrízicos arbusculares colonizam a folhagem, mas porquê? *ISME J.* **13**, 1891-1898 (2019).

94. C. Averill, M. C. Dietze, J. M. Bhatnagar, Continental-scale nitrogen pollution is shifting forest mycorrhizal associations and soil carbon stocks. *Glob. Change Biol.* **24**, 4544-4553 (2018).

95. I. Jo, S. Fei, C. M. Oswalt, G. M. Domke, R. P. Phillips, Mudanças

nas associações micorrízicas de árvores dominantes em resposta a impactos antropogénicos. *Sci. Adv.* **5**, eaav6358 (2019).

96. J. Jansa, R. Finlay, H. Wallander, F. A. Smith, S. E. Smith, "Role of mycorrhizal symbioses in phosphorus cycling" in *Phosphorus in Action*, E. Bünemann, A. Oberson, E. Frossard, Eds. (Springer, 2011), pp. 137-168.

97. D. J. Read, J. Perez-Moreno, Mycorrhizas and nutrient cycling in ecosystems-A journey towards relevance? *New Phytol.* **157**, 475-492 (2003).

98. G. Lin, M. L. McCormack, C. Ma, D. Guo, Similar below-ground carbon cycling dynamics but contrasting modes of nitrogen cycling between arbuscular mycorrhizal and ectomycorrhizal forests. *New Phytol.* **213**, 14401451 (2017).

99. J. Cornelissen, R. Aerts, B. Cerabolini, M. Werger, M. van der Heijden, Carbon cycling traits of plant species are linked with mycorrhizal strategy. *Oecologia* **129**, 611-619 (2001).

100. N. Koele, I. A. Dickie, J. Oleksyn, S. J. Richardson, P. B. Reich, No globally consistent effect of ectomycorrhizal status on foliar traits. *New Phytol.* **196**, 845-852 (2012).

101. H.-Y. Zhang et al., Foliar nutrient resorption differs between arbuscular mycorrhizal and ectomycorrhizal trees at local and global scales. *Glob. Ecol. Biogeogr.* **27**, 875-885 (2018).

102. I. A. Dickie, B. Moyersoen, Towards a global view of ectomycorrhizal ecology. *New Phytol.* **180**, 263-265 (2008).

103. N. G. Swenson, imputação filogenética de bancos de dados de caraterísticas funcionais de plantas. *Ecografia* **37**, 105-110 (2014).

104. N. Wurzburger, E. N. J. Brookshire, M. L. McCormack, R. A. Lankau, Mycorrhizal fungi as drivers and modulators of terrestrial ecosystem processes. *New Phytol.* **213**, 996-999 (2017).

105. J. Felsenstein, Phylogenies and the comparative method. *Am. Nat.* **125**, 1-15 (1985).

106. R. P. Freckleton, P. H. Harvey, M. Pagel, Phylogenetic analysis and comparative data: A test and review of evidence. *Am. Nat.* **160**, 712-726 (2002).

107. C. R. See et al., Global patterns in fine root decomposition: Climate, chemistry, mycorrhizal association and woodiness. *Ecol. Lett.* **22**, 946-953 (2019).

108. T. Sun et al., Contrasting dynamics and trait controls in first-order root compared with leaf litter decomposition. *Proc. Natl. Acad. Sci. U.S.A.* **115**, 10392-10397 (2018).

109. K. E. Clemmensen et al., Roots and associated fungi drive long-term carbon sequestration in boreal forest. *Science* **339**, 1615-1618 (2013).

110. P. B. Reich, J. Oleksyn, Global patterns of plant leaf N and P in relation to temperature and latitude. *Proc. Natl. Acad. Sci. U.S.A.* **101**, 11001-11006 (2004).

111. P. M. Vitousek, R. W. Howarth, Nitrogen limitation on land and in the sea: How can it occur? *Biogeochemistry* **13**, 87-115 (1991).

112. M. Shi, J. B. Fisher, E. R. Brzostek, R. P. Phillips, Carbon cost of plant nitrogen acquisition: Impacto global do ciclo do carbono a partir de um ciclo melhorado do azoto vegetal no Community Land Model. *Glob. Change Biol.* **22**, 12991314 (2016).

113. E. R. Brzostek, K. T. Rebel, K. R. Smith, R. P. Phillips, "Integrating mycorrhizas into global scale models" in *Mycorrhizal Mediation of Soil,* N. C. Johnson, C. Ghering, J. Jansa, Eds (Elsevier, 2017), pp. 479-499.

114. C. Terrer et al., Ecosystem responses to elevated CO2 governed by plant-soil interactions and the cost of nitrogen acquisition. *New Phytol.* **217**, 507-522 (2018).

115. D. D. Ackerly, Taxon sampling, correlated evolution, and independent contrasts. *Evolution* **54**, 1480-1492 (2000).

116. O. J. Valverde-Barrantes, G. T. Freschet, C. Roumet, C. B. Blackwood, A worldview of root traits: The influence of ancestry, growth form, climate and mycorrhizal association on the functional trait variation of fine-root tissues in seed plants. *New Phytol.* **215**, 1562-1573 (2017).

117. L. H. Comas, D. M. Eissenstat, Patterns in root trait variation among 25 coexisting North American forest species. *New Phytol.* **182**, 919-928 (2009).

118. L. H. Comas, H. S. Callahan, P. E. Midford, Patterns in root traits of woody species hosting arbuscular and ectomycorrhizas: Implications for the evolution of belowground strategies. *Ecol. Evol.* **4**, 2979-2990 (2014).

119. P. B. Reich, O espetro mundial "rápido-lento" da economia vegetal: A traits manifesto. *J. Ecol.* **102**, 275-301 (2014).

120. L. D. L. Anderegg et al., Within-species patterns challenge our understanding of the leaf economics spectrum. *Ecol. Lett.* **21**, 734-744 (2018).

121. S. D. Torti, P. D. Coley, T. A. Kursar, Causes and consequences of monodominance in tropical lowland forests. *Am. Nat.* **157**, 141-153 (2001).

122. A. Kohler et al.; Mycorrhizal Genomics Initiative Consortium, Convergent losses of decay mechanisms and rapid turnover of symbiosis genes in mycorrhizal mutualists. *Nat. Genet.* **47**, 410-415 (2015).

123. I. J. Wright et al., The worldwide leaf economics spectrum. *Nature* **428**, 821827 (2004).

124. B. S. Steidinger et al.; Consórcio GFBI, Os controles climáticos da decomposição impulsionam a biogeografia global das simbioses floresta-árvore. *Naturc* **569**, 404-408 (2019).

125. R. P. Freckleton, N. Cooper, W. Jetz, Comparative methods as a statistical fix: Os perigos de ignorar um modelo evolutivo. *Am. Nat.* **178**, E10-E17 (2011).

126. L'Hoir M, Nasslahsen B, Ferhout H, Prin Y, Smouni A, Walker V, et al. Endophytic seed bacteria: A relevant pool of microorganisms with the ability to promote plant growth. In: Arora NK, Bouizgarne B, editores. *Microbial BioTechnology for sustainable agriculture volume 1*. Singapura: Springer Nature (2022). p. 105-41. doi: 10.1007/978-981-16- 4843-4_3

127. Vu QM, Le QB, Frossard E, Vlek PLG. Socio-economic and biophysical determinants of land degradation in Vietnam: Uma análise causal integrada

a nível nacional. *Land Use Policy* (2014) 36:605-617.

doi: 10.1016/j.landusepol.2013.10.012

128. Eswaran H, Lal R, Reich PF. *Land degradation: An overview.* CRC Press (2019). p. 20-35. doi: 10.1201/9780429187957-4

129. Garcia C, Hernandez T, Roldan A, Albaladejo J. Qualidade biológica e bioquímica de um solo semiárido após desvegetação induzida. *J Environ Qual* (1997) 26:1116-1122. doi: 10.2134/jeq1997.00472425002600040024x

130. Requena N, Perez-Solis E, Azcon-Aguilar C, Jeffries P, Barea J-M. A gestão das simbioses planta-micróbio indígenas ajuda a restaurar os ecossistemas desertificados. *Appl Environ Microbiol* (2001) 67:495-498. doi: 10.1128/AEM.67.2.495-498.2001

131. Cordell D, Drangert J-O, White S. The story of phosphorus: Global food security and food for thought. *Glob Environ Change* (2009) 19:292-305. doi: 10.1016/j.gloenvcha.2008.10.009

132. Gilbert N. Ambiente: O nutriente que está a desaparecer. *Nature* (2009) 461:8. doi: 10.1038/461716a

133. Janzen HH, Beauchemin KA, Bruinsma Y, Campbell CA, Desjardins RL, Ellert BH, et al. The fate of nitrogen in agroecosystems: An illustration using Canadian estimates. *Nutr Cycl Agroecosyst* (2003) 67:85-102. doi: 10.1023/A:1025195826663

134. Mishima S, Endo A, Kohyama K. Recent trends in phosphate balance nationally and by region in Japan. *Nutr Cycl Agroecosyst* (2010) 86:69-77. doi: 10.1007/s10705-009-9274-7

135. Battisti DS, Naylor RL. Avisos históricos de insegurança alimentar futura com
calor sazonal sem precedentes. *Science* (2009) 323:240-44.
doi: 10.1126/science.1164363

136. Ewel JJ. Natural systems as models for the design of sustainable systems of land use. *Agrofor Syst* (1999) 45:1-21. doi: 10.1023/A:1006219721151

137. SCHÜBLER A, Schwarzott D, Walker C. Um novo filo de fungos, o
glomeromycota: filogenia e evolução. *Mycol Res* (2001) 105:1413-1421. doi: 10.1017/S0953756201005196

138. Spatafora JW, Chang Y, Benny GL, Gryganskyi A, James TY, O'Donnell K, et al. Uma classificação filogenética em nível de filo de fungos zigomicetos com base em dados em escala de genoma. *Mycologia* (2016) 108:1028-46. doi: 10.3852/16-042

139. Tedersoo L, Sánchez-Ramírez S, Kõljalg U, Bahram M, Doring M, Schigel D, et al. Classificação de alto nível dos fungos e uma ferramenta para análises ecológicas evolutivas. *Fungal Divers* (2018) 90: 135-59. doi: 10.1007 / s 13225018-0401-0

140. Ramirez-Flores MR, Perez-Limon S, Li M, Barrales-Gamez B, Albinsky D, Paszkowski U, et al. A arquitetura genética da resposta do hospedeiro revela a importância das micorrizas arbusculares para o cultivo do milho. *eLife* (2020) 9: e61701. doi: 10.7554 / eLife.61701

141. Garbaye J. *La symbiose mycorhizienne: Une association entre les plantes et les champignons.* Edições Quae (2013).

142. Smith SE, Read DJ. *Mycorrhizal symbiosis.* Academic Press (2010).

143. Gupta MM. Fungos micorrízicos arbusculares: Os potenciais indicadores da saúde do solo. In: Giri B, Varma A, editores. *Soil health.* Cham: Springer International Publishing (2020). p. 183-95. doi:

10.1007/978-3-030-44364- 1_11

144. Jakobsen I, Gazey C, Abbott LK. Phosphate transport by communities of arbuscular mycorrhizal fungi in intact soil cores. *New Phytol* (2001) 149:95-103. doi: 10.1046/j.1469-8137.2001.00006.x

145. Dighton J. Mycorrhizae. *Encycl Microbiol* (2009) 3:153-162. doi: 10.1016/B978-012373944-5.00327-8

146. Marschner H, Dell B. Nutrient uptake in mycorrhizal symbiosis. *Plant Soil* (1994) 159:89-102. doi: 10.1007/BF00000098

147. Abdelhameid NM. Efeito da inoculação micorrízica e da fertilização com potássio no rendimento de grãos e na absorção de nutrientes do sorgo doce cultivado sob estresse hídrico em solo calcário. *Egito J Soil Sci* (2020) 60: 17-29. doi: 10.21608 / jjss.2019.17512.1312

148. Chalot M, Javelle A, Blaudez D, Lambilliote R, Cooke R, Sentenac H, et al. An update on nutrient transport processes in ectomycorrhizas. In: *Diversity and integration in mycorrhizas.* Dordrecht: Springer (2002). p. 165-75. doi: 10.1007/978-94-017-1284-2_16

149. Linderman RG. Interações micorrízicas na rizosfera. In: Keister DL, Cregan PB, editores. *The rhizosphere and plant growth.* Dordrecht: Springer Netherlands (1991). p. 343-48. doi: 10.1007/978-94-011-3336-4_73

150. Cassán F, Perrig D, Sgroy V, Luna V. Aspectos básicos e tecnológicos da produção de fitohormonas por microrganismos: Azospirillum sp. como modelo de rizobactéria promotora do crescimento vegetal. In: Maheshwari DK, editor. *Bacteria in agrobiology: Plant nutrient management.* Berlim, Heidelberg: Springer

(2011). p. 141-82. doi: 10.1007/978-3-642-21061-7_7

151. Basu S, Rabara RC, Negi S. AMF: A perspetiva futura para a sustentabilidade
agricultura. *Physiol Mol Plant Pathol* (2018) 102:36-45.
doi: 10.1016/j.pmpp.2017.11.007

152. Tahat MM, Alananbeh KM, Othman YA, Leskovar DI. Saúde do solo e
agricultura sustentável. *Sustainability* (2020) 12:4859.
doi: 10.3390/su12124859

153. Mahmoudi N, Caeiro MF, Mahdhi M, Tenreiro R, Ulm F, Mars M, et al.
Os traços micorrízicos arbusculares são bons indicadores da multifuncionalidade do solo em terras secas. *Geoderma* (2021) 397:115099.
doi: 10.1016/j.geoderma.2021.115099

154. Wagg C, Jansa J, Schmid B, van der Heijden MGA. Abaixo do solo
Os efeitos da biodiversidade dos simbiontes de plantas suportam a produtividade acima do solo. *Ecol Lett* (2011) 14:1001-9. doi: 10.1111/j.1461-
0248.2011.01666.x

155. Thangavel P, Anjum NA, Muthukumar T, Sridevi G, Vasudhevan P, Maruthupandian A. Micorrizas arbusculares: moduladores naturais da relação planta-nutriente e crescimento em ambientes estressantes. *Arch Microbiol* (2022) 204:64. doi: 10.1007/s00203-022-02882-1

156. Roesti D, Ineichen K, Braissant O, Redecker D, Wiemken A,

Aragno M. Bactérias associadas aos esporos dos fungos micorrízicos arbusculares *Glomus geosporum* e *Glomus constrictum*. *Appl Environ Microbiol* (2005) 71:6673-79. doi: 10.1128/AEM.71.11.6673-6679.2005

157. Frey-Klett P, Garbaye J, Tarkka M. As bactérias auxiliares da micorriza
revisitado. *New Phytol* (2007) 176:22-36. doi: 10.1111/j. 1469-8137.2007.02191.x

158. Mosse B. The establishment of vesicular-arbuscular mycorrhiza under aseptic conditions. *Microbiologia* (1962) 27:509-20. doi: 10.1099/0022128727-3-509

159. Choudhary DK, Varma A, Tuteja N. Mycorrhizal helper bacteria: Abordagem sustentável. In: Varma A, Prasad R, Tuteja N, editores. *Mycorrhiza - function, diversity, state of the art.* Cham: Springer International Publishing (2017). p. 61-74. doi: 10.1007/978-3-319-53064-2_5

160. Bidondo LF, Silvani V, Colombo R, Pérgola M, Bompadre J, Godeas A. Interações pré-simbióticas e simbióticas entre glomus intraradices e duas espécies de paenibacillus isoladas de propágulos AM. Ensaios *in vitro* e *in vivo* com soja (AG043RG) como planta hospedeira. *Soil Biol Biochem* (2011) 43:1866-72. doi: 10.1016/j.soilbio.2011.05.004

161. Fernández Bidondo L, Colombo R, Bompadre J, Benavides M, Scorza V, Silvani V, et al. Bactérias cultiváveis associadas a propágulos infecciosos de fungos micorrízicos arbusculares. implicações para a atividade micorrízica. *Appl Soil Ecol* (2016) 105:86-90. doi:

10.1016/j.apsoil.2016.04.013

162. Long L, Lin Q, Yao Q, Zhu H. Análise populacional e funcional de bactérias cultiváveis associadas a esporos do fungo micorrízico arbuscular gigaspora margarita. *3 Biotech* (2017) 7:8. doi: 10.1007/s13205-017-0612-1

163. Asyiah IN, Hindersah R, Harni R, Fitriatin BN, Anggraeni W. *Propagação de fungos micorrízicos Glomus spp. em zeólito enriquecido com bactérias auxiliares de micorriza para controlo de nemátodos no café.* IOP Conf. Ser. Terra Environ. Sci (2021). doi: 10.1088/1755-1315/883/1/012021

164. Martin F. *Molecular mycorrhizal symbiosis.* John Wiley & Sons (2016).

165. Scherlach K, Hertweck C. Mediadores de interações mutualísticas micróbio-micróbio. *Nat Prod Rep* (2018) 35: 303-8. doi: 10.1039 / C7NP00035A

166. HA, Newberger D, Vivanco JM. O microbioma da rizosfera: Interações planta-microbianas para aquisição de recursos. *J Appl Microbiol* (2022) 133:2864-76. doi: 10.1111/jam.15686

167. Boedicker J, Nealson K. Comunicação microbiana *via* deteção de quorum. *IEEE Trans Mol Biol Multi-Scale Commun* (2015) 1: 310-20. doi: 10.1109 / TMBMC.2016.2587629

168. Venturi V, Keel C. Sinalização na rizosfera. *Trends Plant Sci* (2016) 21:187-98. doi: 10.1016/j.tplants.2016.01.005

169. Kemen E. As interações micróbio-micróbio determinam os efeitos dos oomicetos e dos fungos
colonização do hospedeiro. *Curr Opin Plant Biol* (2014) 20:75-81.

doi: 10.1016/j.pbi.2014.04.005

170. Pande S, Merker H, Bohl K, Reichelt M, Schuster S, de Figueiredo LF, et al. Aptidão e estabilidade de interações obrigatórias de alimentação cruzada que surgem após a perda de genes em bactérias. *ISME J* (2014) 8:953-62. doi: 10.1038/ismej.2013.211

171. Kamei I, Yoshida T, Enami D, Meguro S. A coexistência da bactéria curtobacterium promove o crescimento do fungo da podridão branca stereum sp. *Curr Microbiol* (2012) 64:173-78. doi: 10.1007/s00284-011-0050-y

172. Hassani MA, Durán P, Hacquard S. Interações microbianas dentro do holobionte da planta. *Microbioma* (2018) 6:58. doi: 10.1186/s40168-018-0445-0

173. . Duponnois R, Garbaye J. Bactérias auxiliares de micorrização associadas a

a simbiose Douglas fir-laccaria laccata: efeitos em condições assépticas e em estufa. *Ann Sci For* (1991) 48:239-51.

doi: 10.1051/forest:19910301

174. Arruda B, George PBL, Robin A, Mescolotti DLC, Herrera WFB, Jones DL, et al. A manipulação do microbioma do solo regula a colonização de plantas por fungos micorrízicos arbusculares. *Micorriza* (2021) 31: 545-58. doi: 10.1007 / s00572-021-01044-3

175. Frey-Klett P, Garbaye J. Mycorrhiza helper bacteria: Um modelo promissor para a análise genómica das interações fungo-bactéria. *New Phytol* (2005) 168:4-8. doi: 10.1111/j.1469-8137.2005.01553.x

176. Lies A, Delteil A, Prin Y, Duponnois R. Utilização de microrganismos auxiliares da micorriza (MHM) para melhorar a

eficiência micorrízica no crescimento das plantas. In: Meena VS, editor. *Role of rhizospheric microbes in soil (Papel dos micróbios da rizosfera no solo): Volume 1: Gestão do stress e sustentabilidade agrícola.* Singapura: Springer (2018). p. 277-98. doi: 10.1007/978-981-10-8402-7_11

177. Salvioli A, Chiapello M, Fontaine J, Hadj-Sahraoui AL, Grandmougin-Ferjani A, Lanfranco L, et al. Endobacteria affect the metabolic profile of their host gigaspora margarita, an arbuscular mycorrhizal fungus. *Environ Microbiol* (2010) 12:2083-95. doi: 10.1111/j.1462-2920.2010.02246.x

178. Bharadwaj DP, Lundquist P-O, Alstrom S. Arbuscular mycorrhizal fungal

As bactérias associadas aos esporos afectam a colonização micorrízica, o crescimento das plantas e os agentes patogénicos da batata. *Soil Biol Biochem* (2008) 40:2494-501.

doi: 10.1016/j.soilbio.2008.06.012

179. Battini F, Cristani C, Giovannetti M, Agnolucci M. Multifuncionalidade e diversidade de comunidades bacterianas cultiváveis estritamente associadas a esporos do simbionte benéfico da planta rhizophagus intraradices. *Microbiol Res* (2016) 183:68-79. doi: 10.1016/j.micres.2015.11.012

180. Turrini A, Avio L, Giovannetti M, Agnolucci M. Functional complementarity of arbuscular mycorrhizal fungi and associated microbiota: O desafio da pesquisa translacional. *Front Plant Sci* (2018) 9: 1407. doi: 10.3389 / fpls.2018.01407

181. Lecomte J, St-Arnaud M, Hijri M. Isolamento e identificação de

bactérias do solo que crescem à custa de fungos micorrízicos arbusculares. *FEMS Microbiol Lett* (2011) 317:43-51. doi: 10.1111/j.1574-6968.2011.02209.x

182. Agnolucci M, Battini F, Cristani C, Giovannetti M. Diversas comunidades bacterianas são recrutadas em esporos de diferentes isolados de fungos micorrízicos arbusculares. *Biol Fertil Soils* (2015) 51:379-89. doi: 10.1007/s00374- 014-0989-5

183. Mayo K, Davis RE, Motta J. Estimulação da germinação de esporos de glomus versiforme por bactérias associadas a esporos. *Mycologia* (1986) 78:426-31. doi: 10.1080/00275514.1986.12025265

184. Xie ZP, Staehelin C, Vierheilig H, Wiemken A, Jabbouri S, Broughton WJ, et al. Rhizobial nodulation factors stimulate mycorrhizal colonization of nodulating and nonnodulating soybeans. *Plant Physiol* (1995) 108:1519-25. doi: 10.1104/pp.108.4.1519

185. Cruz AF, Horii S, Ochiai S, Yasuda A, Ishii T. Isolamento e análise de bactérias associadas a esporos de gigaspora margarita. *J Appl Microbiol* (2008) 104:1711-7. doi: 10.1111/j.1365-2672.2007.03695.x

186. Hildebrandt U, Ouziad F, Marner F-J, Bothe H. A bactéria *Paenibacillus validus* estimula o crescimento do fungo micorrízico arbuscular *Glomus intraradices* até à formação de esporos férteis. *FEMS Microbiol Lett* (2006) 254:258-67. doi: 10.1111/j.1574-6968.2005.00027.x

187. Sundram S, Meon S, Seman IA, Othman R. Interação simbiótica de

bactérias endofíticas com fungos micorrízicos arbusculares e o seu efeito antagónico em ganoderma boninense. *J Microbiol* (2011) 49:551.

doi: 10.1007/s12275-011-0489-3

188. Selvakumar G, Krishnamoorthy R, Kim K, Sa T-M. Diversidade genética e
caracteres de associação de bactérias isoladas de paredes de esporos de fungos micorrízicos arbusculares. *PloS One* (2016) 11:e0160356. doi: 10.1371/journal.pone.0160356

189. Sangwan S, Prasanna R. Mycorrhizae helper bacteria: Desbloqueando seu potencial como bioenhancers de associações de fungos micorrízicos arbusculares de plantas. *Microb Ecol* (2021) 84: 1-10. doi: 10.1007 / s00248-021-01831- 7

190. Frey-Klett P, Garbaye J. Mycorrhiza helper bacteria: a promising model for the genomic analysis of fungal-bacterial interactions. *New Phytol* (2005) 168:4-8. doi: 10.1111/j.1469-8137.2005.01553.x

191. Vosátka M, Gryndler M. Treatment with culture fractions Irom pseudomonas putida modifies the development of glomus fistulosum mycorrhiza and the response of potato and maize plants to inoculation. *Appl Soil Ecol* (1999) 11:245-51. doi: 10.1016/S0929-1393(98)00151-6

192. Panwar J, Yadav RS, Yadav BK, Tarafdar JC. Arbuscular mycorrhizae: A dynamic microsymbiont for sustainable agriculture. In: Siddiqui ZA, Akhtar MS, Futai K, editores. *Mycorrhizae: Sustainable agriculture and forestry.* Dordrecht: Springer Netherlands (2008). p. 159-76. doi: 10.1007/978-1- 4020-8770-7_6

193. Heidari M, Karami V. Efeitos de diferentes espécies de micorrizas no rendimento de grãos, absorção de nutrientes e teor de óleo de girassol sob estresse hídrico. *J Saudi Soc Agric Sci* (2014) 13:9-13. doi:

10.1016/j.jssas.2012.12.002

194. Bourles A, Guentas L, Charvis C, Gensous S, Majorel C, Crossay T, et al.

A co-inoculação com uma bactéria e fungos micorrízicos arbusculares melhora a colonização das raízes, a nutrição mineral das plantas e o crescimento de uma planta de cyperaceae num solo ultramáfico. *Mycorrhiza* (2020) 30:121-31.
doi: 10.1007/s00572-019-00929-8

195. Garbaye J, Churin J-L, Duponnois R. Efeitos da esterilização do substrato, tratamento fungicida e bactérias auxiliares de micorrização na formação ectomicorrízica de carvalho pedunculado (Quercus robur) inoculado com laccaria laccata em dois viveiros de turfa de raiz nua. *Biol Fertil Soils* (1992) 13:55-57. doi: 10.1007/BF00337239

196. Sab S, Lackshman HC. Efeito da solubilização de fosfato de rocha usando fungos micorrízicos e fosfobactérias em duas variedades de alto rendimento de sesamum indicum l. *World J Agric Sci* (2009) 5:470-9.

197. Gamalero E, Lingua G, Berta G, Glick BR. Papel benéfico das bactérias promotoras do crescimento das plantas e dos fungos micorrízicos arbusculares nas respostas das plantas ao stress causado por metais pesados. *Can J Microbiol* (2009) 55:501-14. doi: 10.1139/W09- 010

198. Krishnamoorthy R, Kim K, Subramanian P, Senthilkumar M, Anandham R,

Sa T. Fungos micorrízicos arbusculares e bactérias associadas isoladas de solos afectados por sal aumentam a tolerância do milho à salinidade

em solos de recuperação costeira. *Agric Ecosyst Environ* (2016) 231:233-9.
doi: 10.1016/j.agee.2016.05.037

199. Nanjundappa A, Bagyaraj DJ, Saxena AK, Kumar M, Chakdar H. Interação entre fungos micorrízicos arbusculares e bacillus spp. no solo, aumentando o crescimento das plantas cultivadas. *Fungal Biol Biotechnol* (2019) 6:23. doi: 10.1186/s40694-019-0086-5

200. Liu F, Hewezi T, Lebeis SL, Pantalone V, Grewal PS, Staton ME. Solo
O microbioma indígena e os genótipos de plantas modificam cooperativamente a montagem do microbioma da rizosfera da soja. *BMC Microbiol* (2019) 19.1-11.
doi: 10.1186/s12866-019-1572-x

201. Nasslahsen B, Prin Y, Ferhout H, Smouni A e Duponnois R (2022) Mycorrhizae helper bacteria for managing the mycorrhizal soil infectivity. *Front. Soil Sci.* 2:979246. doi: 10.3389/fsoil.2022.979246

202. Ahmad P, Kumar A, Gupta A, Hu X, Hakeem R, Azooz MM, Sharma S. Crop production for agricultural improvement. *Crop Prod Agric Improv.* 2012 doi: 10.1007/978-94-007-4116-4.

203. Mosa W, Paszt L, EL-Megeed N. O papel da biofertilização na melhoria da
produtividade dos frutos - uma revisão. *Adv Microbiol.* 2014;4:1057-1064.
doi: 10.4236/aim.2015.51003.

204. Nadeem SM, Ahmad M, Zahir ZA, Javaid A, Ashraf M. O papel das micorrizas e das rizobactérias promotoras do crescimento das

plantas (PGPR) na melhoria da produtividade das culturas em ambientes stressantes. *Biotechnol Adv.* 2014;32:429-448. doi: 10.1016/j.biotechadv.2013.12.005.

205. Ortas I, Ustuner O. Determinação de diferentes meios de crescimento e várias espécies de micorrizas no crescimento de citrinos e na absorção de nutrientes. *Sci Hortic (Amsterdam)* 2014;166:84-90. doi: 10.1016/j.scienta.2013.12.014.

206. Stajich J, Berbee ML, Blackwell M, et al. Os fungos. *Curr Biol.* 2009;19:R840-R845. doi: 10.1016/j.cub.2009.07.004.

207. Brundrett MC. Coevolução de raízes e micorrizas de plantas terrestres. *New Phytol.* 2002;154:275-304. doi: 10.1046/j.1469-8137.2002.00397.x.

208. Maherali H. Existe uma associação entre a arquitetura da raiz e a resposta do crescimento micorrízico? *New Phytol.* 2014;204:192-200. doi: 10.1111/nph.12927.

209. Grimm LH, Kelly S, Krull R, Hempel DC. Morfologia e produtividade de fungos filamentosos. *Appl Microbiol Biotechnol.* 2005;69:375-384. doi: 10.1007/s00253-005-0213-5.

210. Anbu P, Hilda A, Gopinath SCB. Fungos queratinofílicos do solo de explorações avícolas e de descargas de penas em Tamil Nadu, Índia. *Mycopathologia.* 2004;158:303- 309. doi: 10.1007/s11046-004-3465-1.

211. Anbu P, Gopinath SCB, Hilda A, Lakshmi T, Annadurai G. Purificação de queratinase de *isolado* de exploração avícola-Scopulariopsis *brevicaulis* e otimização estatística da atividade enzimática. *Enzyme Microb Tech.* 2005;36:639-647. doi:

10.1016/j.enzmictec.2004.07.019.

212. Anbu P, Gopinath SCB, Hilda A, Lakshmipriya T, Annadurai G. Otimização da produção de queratinase extracelular por *Scopulariopsis brevicaulis* isolado de explorações avícolas. *Bioresour Technol.* 2007;98:1298-1303. doi: 10.1016/j.biortech.2006.05.047.

213. Gopinath SCB, Hilda A, Priya TL, Annadurai G. Purificação da lipase Iiom *Cunninghamella verticillata* e otimização da atividade enzimática utilizando a metodologia da superfície de resposta. *World JMicrobiol Biotechnol.* 2002;18:449- 458. doi: 10.1023/A:1015579121800.

214. Gopinath SCB, Hilda A, Lakshmi Priya T, Annadurai G, Anbu P. Purificação de lipase de *Geotrichum candidum*: condições optimizadas para a produção de enzimas utilizando o desenho Box-Behnken. *World J Microbiol Biotechnol.* 2003;19:681-689. doi: 10.1023/A:1025119222925.

215. Gopinath SCB, Anbu P, Hilda A. Perfis de atividade enzimática extracelular em fungos isolados de ambientes ricos em petróleo. *Mycoscience.* 2005;46:119-126. doi: 10.1007/s 10267-004-0221-9.

216. Kumarevel TS, Gopinath SCB, Hilda A, Gautham N, Ponnusamy MN. Purificação da lipase de *Cunninghamella verticillata* por precipitação gradual e condições optimizadas para cristalização. *World J Microbiol Biotechnol.* 2005;21:23-26. doi: 10.1007/s11274-004-1005-2.

217. Lee LP, Karbul HM, Citartan M, Gopinath SCB, Lakshmipriya T, Tang TH. Espécies de Bacillus secretoras de lipase num habitat contaminado por petróleo: estirpes promissoras para aliviar a poluição

por petróleo. *BioMed Res Int.* 2015;2015:820575.

218. Zaragoza O. Mycology. *RefModul Life Sci.* 2017 doi: 10.1016/B978-0-12- 809633-8.12378-7.

219. Ellison CE, Kowbel D, Glass NL, Taylor JW, Brem RB. Descoberta de funções de genes não anotados a partir de um estudo do transcriptoma de isolados de fungos selvagens. *MBio.* 2014;5:e01046-e1113. doi: 10.1128/mBio.01046-13.

220. Magnet MH, Sarkar D, Ahmed Z. Samples Of different industry side in Dhaka city, Bangladesh. *Int JInnov Res Dev.* 2013;2:338-339.

221. Rohilla SK, Salar RK. Isolamento e caraterização de várias estirpes de fungos de solos agrícolas contaminados com pesticidas. *Res J Recent Sci.* 2011;1:297-303. doi: 10.1016/j.scienta.2009.07.019.

222. Gerdemann JW, Nicolson TH. Esporos de espécies micorrízicas de Endogone extraídos do solo por peneiração húmida e decantação. *Trans Br Mycol Soc.* 1963;46:235-244. doi: 10.1016/S0007-1536(63)80079-0.

223. Shamini S, Amutha K (2015) Técnicas de extração. Int J Front Sci Technol pp 0-6

224. Tsuneo W. *Pictorial atlas of soil and seed fungi: morphologies of cultured fungi and key to species.* 2. Boca Raton: CRC Press; 2002.

225. Krull R, Wucherpfennig T, Esfandabadi ME, Walisko R, Melzer G, Hempel

DC, Kampen I, Kwade A, Wittmann C. Caracterização e controlo da morfologia fúngica para melhorar o desempenho da produção em biotecnologia. *J Biotechnol.* 2013;163:112-123.

doi: 10.1016/jjbiotec.2012.06.024

226. Choi Y, Hyde KD, Ho WWH. Isolamento de esporos únicos de

fungos. *Fungal Divers.* 1999;3:29-38.
227. Szabo K, Boll S, Eros -Honti ZS. Aplicação de micorrizas artificiais na plantação de árvores urbanas. *Appl Ecol.* 2014;12:835-853. doi: 10.15666/aeer/1204.
228. van der Heijden MGA, Martin FM, Selosse MA, Sanders IR. Mycorrhizal ecology and evolution: the past, the present, and the future. *New Phytol.* 2015;205:1406-1423. doi: 10.1111/nph.13288.
229. Vogelsang KM, Bever JD, Griswold M, Schultz PA (2004) The use of mycorrhizal fungi in erosion control applications. Contrato 1 -150.
230. Duhoux E, Rinaudo G, Diem HG, Auguy F, Fernandez D, Bogusz D,
Franche C, Dommergues Y, Hugucnin B. As árvores da angiosperma Gymnostoma produzem nódulos radiculares colonizados por fungos micorrízicos arbusculares relacionados com Glomus. *New Phytologist.* 2001;149:115-125. doi: 10.1046/j. 1469-8137.2001.00005.x.
231. Hart MM, Forsythe JA. Scientia Horticulturae Using arbuscular mycorrhizal fungi to improve the nutrient quality of crops; nutritional benefits in addition to phosphorus. *Sci Hortic (Amesterdão)* 2012;148:206-214. doi: 10.1016/j.scienta.2012.09.018.
232. Brundrett M. Diversity and classification of mycorrhizal associations. *Biol Rev Camb Philos Soc.* 2004;79:473-495. doi: 10.1017/S1464793103006316
233. Merckx VSFT. Micoheterotrofia: a biologia das plantas que vivem em fungos. *Mycoheterotrophy Biol Plants Living Fungi.* 2012 doi: 10.1007/9781-4614-5209-6.
234. Schnepf A, Roose T, Schweiger P. Modelo de crescimento para

fungos micorrízicos arbusculares. *JR Soc Interface.* 2008;5:773-784. doi: 10.1098/rsif.2007.1250

235. Kuo A, Kohler A, Martin FM, Grigoriev IV. Expansão da genómica de
simbiose micorrízica. *Front Microbiol.* 2014;5:1-7. doi: 10.3389/fmicb.2014.00582.

236. Bucking H, Liepold E, Ambilwade P (2012) O papel da simbiose micorrízica na absorção de nutrientes pelas plantas e os mecanismos reguladores subjacentes a estes processos de transporte. World -™ s largest Science, Technology and Medicine Open Access book publisher. Intech Open

237. Pérez-Harguindeguy N, Díaz S, Garnier E, et al. New handbook for standardised measurement of plant functional traits worldwide. *Aust J Bot.* 2013;61:167-234. doi: 10.1071/BT12225.

238. Nederhoff EM (2007) Using a greenhouse for controlling plant growth© 57: 126-133.

239. Kumar KS, Tiwari KN, Jha MK. Conceção e tecnologia para o arrefecimento de estufas em regiões tropicais e subtropicais: uma revisão. *Energy Build.* 2009;41:1269-1275. doi: 10.1016/j.enbuild.2009.08.003.

240. Reddy PP. Sustainable crop protection under protected cultivation. *Sustain Crop Prot under Prot Cultiv.* 2016 doi: 10.1007/978-981-287-952-3.

241. Culturas V. Efeito de quatro produtos micorrízicos na podridão radicular de Fusarium em
diferentes culturas hortícolas. *Plant Pathol Microbiol.* 2015;6:2-6. doi: 10.4172/2157-7471.1000255.

242. Miller BM (2012) Utilizar micorrizas numa mistura profissional.

243. Bauer JT, Koziol L, Bever JD. A adaptação local das comunidades de micorrizas altera a composição da comunidade vegetal

e aumenta a produtividade acima do solo. *Oecologia.* 2020 doi: 10.1007/s00442-020- 04598-9

244. Quiroga G, Erice G, Aroca R, Delgado-Huertas A, Ruiz-Lozano JM.
Elucidação do possível envolvimento das aquaporinas do milho e da simbiose micorrízica arbuscular no transporte de amónio e ureia da planta em condições de stress por seca. *Plantas (Basileia)* 2020;9:E148. doi: 10.3390/plants9020148.

245. Wulantuya MK, Bayandala FY, Matsukura K, Seiwa K. A criação de lacunas altera o modo de estabelecimento de plântulas dependente da distância conspecífica através de mudanças na influência relativa de agentes patogénicos e
micorrizas. *Oecologia.* 2020;192:449-462. doi: 10.1007/s00442-020-04596-x.

246. "História evolutiva das simbioses micorrízicas e diversidade global de plantas hospedeiras". The New Phytologist 220 (4): 1108-1115. dezembro de 2018. doi: 10.1111 / nph.14976.
PMID 29355963. https://dx.doi.org/10.1111%2Fnph. 14976

247. "Os fungos que habitam as rochas tiveram origem em períodos de clima seco no final do século XX.
Devoniano e Triássico médio". Fungal Biology 115 (10): 987-96. outubro de 2011. doi:10.1016/j.funbio.2011.04.002.
PMID 21944211. https://dx.doi.org/10.1016%2Fj.funbio.2011.04.002

248. "espécies de Pinus) no Cretáceo Superior e o seu crescente domínio no Antropoceno". Ecologia e Evolução 8 (20): 10345-10359. outubro de 2018. doi:10.1002/ece3.4499.

PMID 30398478. http://www.pubmedcentral.nih.gov/articlerender.fcgi?tool= pmc entrez&;artid=6206191

249. "A origem e a evolução das simbioses micorrízicas: da paleomicologia à filogenómica". The New Phytologist 220 (4): 1012-1030. dezembro de 2018. doi: 10.1111 / nph.15076. PMID 29573278. https://dx.doi.org/10.1111%2Fnph.15076

250. Millar, Niall (2016). "Simbiotas estressados: hipóteses para a influência do estresse abiótico em fungos micorrízicos arbusculares". Oecologia 182 (3): 625-641. doi:10.1007/s00442-016-3673-7. PMID 27350364. http ://www. pubmedcentral.nih. gov/articlerender. fcgi?tool= pmcentrez&;artid=5043000

251. Bernaola, Lina (2018). "A inoculação abaixo do solo com fungos micorrízicos arbusculares aumenta a suscetibilidade local e sistêmica das plantas de arroz a diferentes organismos de pragas". Fronteiras em Ciência das Plantas 9: 747. doi: 10.3389 / fpls .2018.00747. PMID 29922319. http://www.pubmedcentral.nih.gov/articlerender.fcgi?tool= pmcentrez&;artid=5996305

252. "A resposta da colonização micorrízica ao CO2 elevado e ao clima em Pascopyrum smithii e Bouteloua gracilis". Planta e Solo 165 (1): 75-80. 1994-03-01. doi:10.1007/BF00009964. https://dx.doi.org/10.1007%2FBF00009964

253. Hobbie, JE (2009). "Os fungos micorrízicos fornecem azoto às plantas hospedeiras em

Tundra árctica e florestas boreais: 15N is the key signal". Jornal Canadiano de Microbiologia 55 (1): 84-94. doi:10.1139/W08-127. PMID 19190704. https://dx.doi.org/10.1139%2FW08-127

254. NSIDC. "Climate Change in the Arctic". https://nsidc.org/cryosphere/arctic- meteorology/climate_change.html. ;

255. Heinemeyer, A. "Impact of temperature on the arbuscular mycorrhizal (AM) symbiosis: growth responses of the host plant and its AM fungal partner". https://academic.oup.com/jxb/article/55/396/525/489095. ;

256. Gardes, M (1996). "Diversidade micorrízica na tundra árctica e alpina: um estudo aberto
questão". New Phytologist 133: 147-157. doi:10.1111/j.1469-8137.1996. tb04350.x. https://dx.doi.org/10.1111%2Fj.1469-8137.1996. tb04350.x

257. Leon-Sanchez, Lupe (2018). "O fraco desempenho da planta sob a mudança climática simulada está ligado às respostas micorrízicas em um arbusto semiárido". O Jornal de Ecologia 106 (3): 960-976. doi:10.1111/1365-2745.12888. PMID 30078910. http://www.pubmedcentral.nih.gov/articlerender.fcgi?tool= pmcentrez&;artid=6071827

258. "Nem todos os fungos estão em todo o lado: escala para a biogeografia dos fungos-plantas
interações entre raízes, rebentos e ecossistemas". The New Phytologist 185 (4): 878-82. março de 2010. doi:10.1111/j.1469-8137.2009.03158.x.

PMID 20356342. https://dx.doi.org/10.1111%2Fj.1469-8137.2009.03158.x

259. "SIMBIONTES FÚNGICOS. Avaliação global de micorrizas arbusculares
diversidade de fungos revela um endemismo muito baixo". Science 349 (6251): 970-3. agosto de 2015. doi:10.1126/science.aab1161. PMID 26315436.
Bibcode: 2015Sci...349..970D. https://dx.doi.org/10.1126%2Fscience.aab116 1

260. "Indo à raiz da questão: implicações paisagísticas dos fungos de plantas
interações para a migração de árvores no Alasca". Landscape Ecology 31 (4): 895911. 2016-05-01. doi:10.1007/s10980-015-0306-1. https://dx.doi.org/10.1007%2Fs10980-015-0306-1

261. "Impacto das actividades humanas nas micorrizas". Actas do 8º Simpósio Internacional de Ecologia Microbiana. 1999.

262. Smith, S. E. & Read, D. *MycorrhizalSymbiosis,* 3rd edn. (Elsevier, 2008).

263. Bonfante, P. & Genre, A. Plants and arbuscular mycorrhizal fungi: an evolutionary-developmental perspective. *Trends Plant Sci.* **13**, 492-498 (2008).

264. Bravo, A., Brands, M., Wewer, V., Dormann, P. & Harrison, M. J. Arbuscular mycorrhiza-specific enzymes FatM and RAM2 fine-tune lipid biosynthesis to promote development of arbuscular mycorrhiza. *New Phytol.* **214**, 1631-1645 (2017).

265. Keymer, A. et al. Transferência de lípidos das plantas para os

fungos micorrizas arbusculares. *eLife* **6**, e29107 (2017).

266. Luginbuehl, L. H. et al. Os ácidos gordos em fungos micorrízicos arbusculares são sintetizados pela planta hospedeira. *Science* **356**, 1175-1178 (2017).

267. Jiang, Y. et al. As plantas transferem lípidos para sustentar a colonização por fungos micorrízicos e parasitas mutualistas. *Science* **356**, 1172-1175 (2017).

268. Kobayashi, Y. et al. O genoma de *Rhizophagus clarus* HR1 revela uma base genética comum para a auxotrofia entre os fungos micorrízicos arbusculares. *BMC Genomics* **19**, 1-11 (2018).

269. Tisserant, E. et al. O genoma de um fungo micorrízico arbuscular fornece informações sobre a mais antiga simbiose entre plantas. *Proc. Natl Acad. Sci. USA* **110**, 20117-20122 (2013).

270. Wewer, V., Brands, M. & Dormann, P. Síntese de ácidos gordos e metabolismo lipídico no fungo biotrófico obrigatório *Rhizophagus irregularis* durante a micorrização de *Lotus japonicus*. *Plant J.* **79**, 398-412 (2014).

271. Sun, X. et al. Genoma e evolução do fungo micorrízico arbuscular *Diversispora epigaea* (anteriormente *Glomus versiforme*) e dos seus endossimbiontes bacterianos. *New Phytol.* **221**, 1556-1573 (2019).

272. Tang, N. et al. A survey of the gene repertoire of *Gigaspora rosea* unravels conserved features among Glomeromycota for obligate biotrophy. *Front. Microbiol.* **7**, 233 (2016).

273. Hildebrandt, U., Janetta, K. & Bothe, H. Rumo ao crescimento de fungos micorrízicos arbusculares independentemente de uma planta hospedeira. *Appl. Environ. Microbiol.* **68**, 1919-1924 (2002).

274. Hildebrandt, U., Ouziad, F., Marner, F. J. & Bothe, H. A bactéria Paenibacillus validus estimula o crescimento do fungo micorrízico arbuscular *Glomus intraradices* até à formação de esporos férteis. *FEMS Microbiol. Lett.* **254**, 258-267 (2006).

275. Kameoka, H. et al. Estimulação da esporulação assimbiótica em fungos micorrízicos arbusculares por ácidos gordos. *Nat. Microbiol.* **4**, 1654-1660 (2019).

276. Sugiura, Y. et al. O miristato pode ser utilizado como fonte de carbono e energia para o crescimento assimbiótico de fungos micorrízicos arbusculares. *Proc. Natl Acad. Sci. USA* **117**, 25779-25788 (2020).

277. Srinivasan, M., Kumar, K., Kumutha, K. & Marimuthu, P. Establishing cultura monoxénica do fungo micorrízico arbusculares *Glomus intraradices* através da cultura de órgãos radiculares. *J. Appl. Nat. Sci.* **6**, 290-293 (2014).

278. Hodge, A., Campbell, C. D. & Fitter, A. H. Um fungo micorrízico arbuscular acelera a decomposição e adquire azoto diretamente da matéria orgânica. *Nature* **413**, 297-299 (2001).

279. Hodge, A. & Fitter, A. H. A aquisição substancial de azoto por fungos micorrízicos arbusculares a partir de material orgânico tem implicações para o ciclo do azoto. *Proc. Natl Acad. Sci. USA* **107**, 13754-13759 (2010).

280. Whiteside, M. D., Digman, M. A., Gratton, E. & Treseder, K. K. Organic nitrogen uptake by arbuscular mycorrhizal fungi in a boreal forest. *Soil Biol. Biochem.* **55**, 7-13 (2012).

281. Gianinazzi-Pearson, V., Séjalon-Delmas, N., Genre, A., Jeandroz, S. & Bonfante, P. Plants and arbuscular mycorrhizal fungi: cues and communication in the early steps of symbiotic interactions. *Adv. Bot. Res.* **46**, 181-219 (2007).

282. Nagata, M. et al. Crescimento hifal melhorado de micorrizas arbusculares por exsudados radiculares derivados de *Lotus japonicus* tratado com R/FR elevado. *Plant Signal. Behav.* **11**, e1187356 (2016).

283. Bücking, H. et al. Os exsudados da raiz estimulam a absorção e o metabolismo do carbono orgânico em esporos germinados de *Glomus intraradices*. *New Phytol.* **180**, 684-695 (2008).

284. Akiyama, K., Matsuzaki, K. & Hayashi, H. Plant sesquiterpenes induce hyphal branching in arbuscular mycorrhizal fungi. *Nature* **435**, 824-827 (2005).

285. Tsuzuki, S., Handa, Y., Takeda, N. & Kawaguchi, M. A proteína secretada putativa 1 induzida por estrigolactona é necessária para o estabelecimento da simbiose pelo fungo micorrízico arbuscular *Rhizophagus irregularis*. *Mol. Plant Microbe Interact.* **29**, 277-286 (2016).

286. Besserer, A. et al. As estrigolactonas estimulam os fungos micorrízicos arbusculares através da ativação das mitocôndrias. *PLoS Biol.* **4**, e226 (2006).

287. Wu, Q. S. et al. A micorriza altera o perfil dos pêlos radiculares na laranja trifoliada. *Mycorrhiza* **26**, 237-247 (2016).

288. Hause, B., Maier, W., Miersch, O., Kramell, R. & Strack, D. Indução da biossíntese de jasmonato em raízes de cevada micorrízica arbusculares. *Plant Physiol.* **130**, 1213-1220 (2002).

289. Hause, B. & Schaarschmidt, S. The role of jasmonates in mutualistic symbioses between plants and soil-born microorganisms. *Phytochemistry* **70**, 1589-1599 (2009).

290. Liao, D. et al. As fitohormonas regulam o desenvolvimento da simbiose micorrízica arbuscular. *Int. J. Mol. Sci.* **19**, 3146 (2018).

291. Nagahashi, G. & Douds, D. D. Os efeitos dos ácidos gordos hidroxilados na ramificação hifal de esporos germinados de AM fUngi. *Fungal Biol.* **115**, 351358 (2011).

292. Jones, F. R. A mycorrhizal fungus in the roots of legumes and some other plants. *J. Agric. Res.* **29**, 459-470 (1924).

293. Brundrett, M. C. & Tedersoo, L. Evolutionary history of mycorrhizal symbioses and global host plant diversity. *New Phytol.* **220**, 1108-1115 (2018).

294. Akiyama, K., Ogasawara, S., Ito, S. & Hayashi, H. Structural requirements of strigolactones for hyphal branching in AM Fungi. *Plant Cell Physiol.* **51**, 1104-1117 (2010).

295. Umehara, M. et al. Requisitos estruturais das estrigolactonas para a inibição da ramificação de rebentos em arroz e *Arabidopsis. Plant Cell Physiol.* **56**, 10591072 (2015).

296. Bago, B., Azcon-Aguilar, C., Goulet, A. & Piche, Y. Estruturas absorventes ramificadas (BAS): uma caraterística do micélio extrarradical de fungos micorrízicos arbusculares simbióticos. *New Phytol.* **139**, 375-388 (1998).

297. Marleau, J., Dalpé, Y., St-Arnaud, M. & Hijri, M. Spore development and nuclear inheritance in arbuscular mycorrhizal fungi. *BMC Evol. Biol.* **11**, 111 (2011).

298. Smith, S. E., Smith, F. A. & Jakobsen, I. Functional diversity in arbuscular mycorrhizal (AM) symbioses: the contribution of the mycorrhizal P uptake pathway is not correlated with mycorrhizal responses in growth or total P uptake. *New Phytol.* **162**, 511-524 (2004).

299. Morin, E. et al. Comparative genomics of *Rhizophagus irregularis, R. cerebriforme, R. diaphanus* and *Gigaspora rosea* highlights specific genetic features in Glomeromycotina. *New Phytol.* **222**, 1584-1598 (2019).

300. Kastner T., Chaudhary A., Gingrich S., Marques A., Persson U.M., Bidoglio
G., Le Provost G., Schwarzmuller F. Global agricultural trade and land system sustainability: Implications for ecosystem carbon storage, biodiversity, and human nutrition. *Uma Terra.* 2021;4:1425-1443.
doi: 10.1016/j.oneear.2021.09.006.

301. Byerlee D., Falcon W.P., Naylor R. *The Tropical Oil Crop Revolution: Food, Feed, Fuel, and Forests.* Oxford University Press; Oxford, Reino Unido: 2017.

302. Finucane M.L., Acosta J., Wicker A., Whipkey K. Soluções de curto prazo para um desafio de longo prazo: Repensar o planeamento da recuperação de catástrofes para reduzir as vulnerabilidades e as desigualdades. *Int. J. Environ. Res. Saúde Pública.* 2020;17:482. doi: 10.3390/ijerph17020482.

303. Ghosh A., Khanra S., Haldar G., Bhowmick T.K., Gayen K. Diversos recursos de cianobactérias da região nordeste da Índia para biomoléculas valiosas: Fitobiliproteína, carotenoide, hidrato de carbono e lípido. *Curr. Biochem. Eng.* 2019;5:21-33. doi:

10.2174/2212711905666180817105828.

304. Sahoo G., Wani A.M., Swamy S.L., Roul P.K., Dash A.C., Sharma A. *Social*

Morphology, Human Welfare, and Sustainability (Morfologia, bem-estar humano e sustentabilidade). Springer;

Berlim/Heidelberg, Alemanha: 2022. Estratégia de subsistência e aspectos de sustentabilidade na industrialização como fonte de emprego em áreas rurais; pp. 643 - 670.

305. Brevik E.C., Slaughter L., Singh B.R., Steffan J.J., Collier D., Barnhart P., Pereira P. Soil and human health: Estado atual e necessidades futuras. *Air Soil Water Res.* 2020;13:1178622120934441. doi: 10.1177/1178622120934441.

306. Riaz M., Kamran M., Fang Y., Wang Q., Cao H., Yang G., Deng L., Wang

Y., Zhou Y., Anastopoulos I. Mitigação da fitotoxicidade de metais pesados em solos contaminados por metais induzida por fungos micorrízicos arbusculares: Uma revisão crítica. *J. Hazard. Mater.* 2021;402:123919.

doi: 10.1016/j.jhazmat.2020.123919.

307. Taghvaei M., Kordestani M.D., Saleh M., Mastinu A. O Reforço do Crescimento Precoce, Extrato e Óleo de Silybum marianum L. por Cobertura Orgânica de Polímeros e Inoculação de Bactérias sob Défice Hídrico. *Soil Syst.* 2023;7:61. doi: 10.3390/soilsystems7020061.

308. Motamedi M., Zahedi M., Karimmojeni H., Motamedi H., Mastinu A. Effect of rhizosphere bacteria on antioxidant enzymes and some biochemical characteristics of Medicago sativa L. subjected to herbicide stress. *Ata Physiol. Plant.* 2022;44:84. doi: 10.1007/s11738-

022-03423-5.
309. Chanclud E., Morel J.B. Hormonas vegetais: Um ponto de vista fúngico. *Mol Plant Pathol.* 2016;17:1289-1297. doi: 10.1111/mpp.12393. Luty L., Musiaf K., Ziofo M. O papel dos serviços ecossistémicos selecionados em diferentes fa
310. Os sistemas de gestão na Polónia no que respeita à diferenciação da estrutura das terras agrícolas. *Sustainability.* 2021;13:6673. doi: 10.3390/su13126673.
311. Fernández J.A., Ayastuy M.E., Belladonna D.P., Comezaña M.M., Contreras
J., de Maria Mourão I., Orden L., Rodríguez R.A. Current Trends in Organic Vegetable Crop Production: Práticas e
Técnicas. *Horticulturae.* 2022;8:893. doi: 10.3390/horticulturae8100893.
312. Ngosong C., Tatah B.N., Olougou M.N.E., Suh C., Nkongho R.N., Ngone M.A., Achiri D.T., Tchakounté G.V.T., Ruppel S. Inoculando bactérias promotoras do crescimento das plantas e fungos micorrizas arbusculares modula a fosfatase ácida da rizosfera e as actividades de nodulação e aumenta a produtividade da soja *(Glycine max) Front. Plant Sci.* 2022;13:934339. doi: 10.3389/fpls.2022.934339.
313. Wang F., Zhang L., Zhou J., Rengel Z., George T.S., Feng G. Explorando os segredos da hifosfera dos fungos micorrízicos arbusculares: Processos e funções ecológicas. *Solo vegetal.* 2022;418:1-22. doi: 10.1007/s11104-022- 05621-z.
314. Wild B., Gerrits R., Bonneville S. The contribution of living

organisms to rock weathering in the critical zone. *npj Mater. Degrad.* 2022;6:98. doi: 10.1038/s41529-022-00312-7.
315. Bhattacharjee A., Qafoku O., Richardson J.A., Anderson L.N., Schwarz K.,
Bramer L.M., Lomas G.X., Orton D.J., Zhu Z., Engelhard M.H. Uma plataforma de micromodelo dopada com minerais demonstra a ligação de fungos a pontos quentes de carbono e o transporte hifal de derivados minerais
Nutrientes. *Msystems.* 2022;7:e0091322. doi: 10.1128/msystems.00913-22.
316. Tiwari J., Ma Y., Bauddh K. Arbuscular mycorrhizal fungi: Um acelerador ecológico da fitorremediação de solos contaminados com metais. *Arch. Agron. Soil Sci.* 2022;68:283-296. doi: 10.1080/03650340.2020.1829599.
317. Dong H., Huang L., Zhao L., Zeng Q., Liu X., Sheng Y., Shi L., Wu G., Jiang H., Li F. Uma revisão crítica da interação mineral-micróbio e da co-evolução: Mecanismos e aplicações. *Natl. Sci. Rev.* 2022;9:nwac128. doi: 10.1093/nsr/nwac128.
318. O'Callaghan M., Ballard R.A., Wright D. Soil microbial inoculants for sustainable agriculture: Limitações e oportunidades. *Soil Use Manag.* 2022;38:1340-1369. doi: 10.1111/sum.12811.
319. Omomowo O.I., Babalola O.O. Bacterial and fungal endophytes: Pequenos gigantes com imenso potencial benéfico para o crescimento das plantas e a sustentabilidade
produtividade agrícola. *Microorganismos.* 2019;7:481.
doi: 10.3390/microorganisms7110481.

320. Sangwan S., Prasanna R. Mycorrhizae helper bacteria: Desvendando o seu potencial como bio-activadores de associações de plantas e fungos micorrízicos arbusculares. *Microb. Ecol.* 2022;84:1-10. doi: 10.1007/s00248-021-01831-7.

321. Xiao L., Lai S., Chen M., Long X., Fu X., Yang H. Efeitos do cultivo de gramíneas na comunidade de fungos micorrízicos arbusculares do solo num pomar de tangerinas. *Rhizosphere.* 2022;24:100583. doi: 10.1016/j.rhisph.2022.100583.

322. Tsiknia M., Tsikou D., Papadopoulou K.K., Ehaliotis C. Multi-species
relações nas raízes das leguminosas: Das interações entre leguminosas e simbiontes a pares ao continuum planta-microbioma-solo. *FEMS Microbiol.*
Ecol. 2021;97:fiaa222. doi: 10.1093/femsec/fiaa222.

323. Garg N., Cheema A. Relative roles of Arbuscular Mycorrhizae in establishing a correlation between soil properties, carbohydrate utilization and yield in *Cicer arietinum* L. under as stress. *Ecotoxicol. Environ. Saf.* 2021;207:111196. doi: 10.1016/j.ecoenv.2020.111196.

324. Andrade S., Silveira A., Mazzafera P. Micorriza arbusculares alteram a absorção de metais e a resposta fisiológica de mudas de Coffea arabica ao aumento das concentrações de Zn e Cu no solo. *Sci. Total Environ.* 2010;408:5381-5391. doi: 10.1016/j.scitotenv.2010.07.064.

325. Oruru M.B., Njeru E.M. Upscaling simbiose micorrízica arbuscular e serviços de agroecossistemas relacionados em sistemas agrícolas de pequenos agricultores. *BioMed Res. Int.*

2016;2016:4376240. doi: 10.1155/2016/4376240.
326. Diagne N., Ngom M., Djighaly P.I., Fall D., Hocher V., Svistoonoff S. Roles of arbuscular mycorrhizal fungi on plant growth and performance: Importância na regulação do stress biótico e abiótico. *Diversidade.* 2020;12:370. doi: 10.3390/d12100370.
327. Diagne N., Ndour M., Djighaly P.I., Ngom D., Ngom M.C.N., Ndong G., Svistoonoff S., Cherif-Silini H. Efeito das rizobactérias promotoras do crescimento das plantas (PGPR) e dos fungos micorrízicos arbusculares (AMF) na tolerância ao stress salino de *Casuarina obesa* (Miq.) *Front. Sustain. Food Syst.* 2020;4:601004. doi: 10.3389/fsufs.2020.601004.
328. Emmanuel O.C., Babalola O.O. Produtividade e qualidade de produtos hortícolas
através da co-inoculação de fungos micorrízicos arbusculares e bactérias promotoras do crescimento das plantas. *Microbiol. Res.* 2020;239:126569.
doi: 10.1016/j.micres.2020.126569.
329. Wahid F., Fahad S., Danish S., Adnan M., Yue Z., Saud S., Siddiqui M.H.,
Brtnicky M., Hammerschmiedt T., Datta R. Sustainable management with mycorrhizae and phosphate solubilizing bacteria for enhanced phosphorus uptake in calcareous soils. *Agricultura.* 2020;10:334.
doi: 10.3390/agriculture10080334.
330. Wang F., Adams C.A., Yang W., Sun Y., Shi Z. Benefícios dos fungos micorrízicos arbusculares na redução de resíduos de contaminantes orgânicos nas culturas: implicações para uma produção

agrícola mais limpa. *Crit. Rev. Environ. Sci. Technol.* 2020;50:1580-1612. doi: 10.1080/10643389.2019.1665945.
331. Mishra V., Ellouze W., Howard R. Utility of arbuscular mycorrhizal fungi for improved production and disease mitigation in organic and hydroponic greenhouse crops (Utilidade dos fungos micorrízicos arbusculares para melhorar a produção e atenuar as doenças em culturas orgânicas e hidropónicas em estufa). *J. Hortic.* 2018;5:237. doi: 10.4172/2376-0354.1000237.
332. Buczkowska H.B., Salata A. Inoculação com fungos micorrízicos arbusculares (FMA) e irrigação de plantas com factores de formação de rendimento no cultivo orgânico de pimentão *(Capsicum annuum* L.). *Ata Sci. Pol. Hortorum Cultus.* 2020;19:125-138. doi: 10.24326/asphc.2020.6.11.
333. Volpato S., Masoero G., Giovannetti G., Nuti M. Fontes de biofertilizantes micorrízicos arbusculares na planta da batata *(Solanum tuberosum)* mostram interações com cultivares no rendimento e nos sacos de lixo Spectral Features. *J. Agron. Res.* 2020;2:10-17. doi: 10.14302/issn.2639-3166.jar-20-3185.
334. Igiehon N.O., Babalola O.O., Cheseto X., Torto B. Efeitos de rizóbios e fungos micorrízicos arbusculares no rendimento, distribuição de tamanho e ácidos gordos de sementes de soja cultivadas sob stress de seca. *Microbiol. Res.* 2021;242:126640. doi: 10.1016/j.micres.2020.126640.
335. Jamal A., Ayub N., Usman M., Khan A.G. Fungos micorrízicos arbusculares
aumentam a absorção de zinco e níquel de solos contaminados pela soja

e pela lentilha. *Int. J. Phytoremediation.* 2002;4:205-221.
doi: 10.1080/15226510208500083.
336. McKean T. *Tese de Mestrado.* Universidade Estadual de Ohio; Columbus, OH, EUA: 2019. Efeitos de sistemas de substrato sem solo e condições ambientais no rendimento, sólidos solúveis totais e acidez titulável do morango de estufa *(Fragaria × ananassa)*
337. Quan L., Duan K., Wei Z., Li W., Chen Y., Duan W., Qin C., Shen Z., Xia Y.
Efeitos benéficos das micorrizas arbusculares na desintoxicação de Cu em *Mimosa pudica* L. cultivada em solos poluídos com Cu. *Environ. Sci. Pollut.*
Res. 2022;30:25755-25763. doi: 10.1007/s11356-022-23919-4
338. Fuentes-Quiroz A., Herrera H., Soto J., Campos-Vargas R., Ortiz J., Arriagada C. Os fungos da rizosfera regulam a expressão de genes de tolerância a metais em *Solanum lycopersicum* L. (Solanaceae) que cresce num ambiente de metal (loid).
solo contaminado. *Rhizosphere.* 2022;24:100599.
doi: 10.1016/j.rhisph.2022.100599.
339. Boyno G., Demir S., Danesh Y.R. Effects of some biological agents on the growth and biochemical parameters of tomato plants infected with *Alternaria solani* (Ellis & Martin) Sorauer. *Eur. J. Plant Pathol.* 2022;162:19-29.
340. Fracasso A., Telò L., Lanfranco L., Bonfante P., Amaducci S. Physiological
Efeito benéfico da inoculação de Rhizophagus intraradices no rendimento do tomateiro em condições de défice hídrico. *Agronomia.*

2020;10:71.
doi: 10.3390/agronomy10010071.
341. Sarker M., Ali M., Islam M., Huda M., Pun I., Podder R., Tomczak A., Hossain A. Utilização de diferentes abordagens de gestão ecológica para o controlo do nemátodo das galhas *(Meloidogyne incognita* L.) no tomate *(Solanum lycopersicum* L.) *Thai J. Agric. Sci.* 2021;54:89-103.
342. Wang J., Zhai L., Ma J., Zhang J., Wang G.G., Liu X., Zhang S., Song J., Wu Y. Mecanismos fisiológicos comparativos de fungos micorrízicos arbusculares na mitigação dos efeitos adversos induzidos pelo sal nas folhas e raízes de Zelkova serrata. *Mycorrhiza.* 2020;30:341-355. doi: 10.1007/s00572-020-00954-y.
343. Marro N., Caccia M., Doucet M.E., Cabello M., Becerra A., Lax P.
As micorrizas reduzem a penetração das raízes do tomateiro pelo falso nemátodo das galhas *Nacobbus aberrans. Appl. Soil Ecol.* 2018;124:262-265.
doi: 10.1016/j.apsoil.2017.11.011.
344. Bona E., Cantamessa S., Massa N., Manassero P., Marsano F., Copetta A., Lingua G., D'Agostino G., Gamalero E., Berta G. Arbuscular mycorrhizal fungi and plant growth-promoting pseudomonads improve yield, quality and nutritional value of tomato: Um estudo de campo. *Mycorrhiza.* 2017;27:1-11. doi: 10.1007/s00572-016-0727-y.
345. Palumbo G., Carfagna S., Stoleru V., Torino V., Romano P., Letizia F., Di Martino C. Sustentabilidade ambiental, qualidade e

produção de frutos em tomateiros micorrízicos sem fertilização com P. *Agron. Res.* 2020;18:2535- 2549.

346. Fayaz F., Zahedi M. Efeitos benéficos dos fungos micorrízicos arbusculares no estado nutricional do trigo *(Triticum aestivum* L.) e índices de tolerância sob stress de salinidade do solo. *J. Plant Nutr.* 2021;45:185-201. doi: 10.1080/01904167.2021.1952228.

347. Alaux P.-L. *O fungo micorrízico arbuscular Rhizophagus Irregularis atenua a praga tardia em plantas de batata?* Presses Universitaires de Louvain; Louvain, Bélgica: 2020.

348. Ivanov S., Austin J., Berg R.H., Harrison M.J. Extensive membrane systems at the host-arbuscular mycorrhizal fungus interface. *Nat. Plants.* 2019;5:194- 203. doi: 10.1038/s41477-019-0364-5.

349. Carella P., Gogleva A., Tomaselli M., Alfs C., Schornack S. Phytophthora palmivora estabelece estruturas de infeção intracelular tecido-específicas na mais antiga linhagem divergente de plantas terrestres. *Proc. Natl. Acad. Sci. USA.* 2018;115:E3846-E3855. doi: 10.1073/pnas.1717900115.

350. Liu J., Chen J., Xie K., Tian Y., Yan A., Liu J., Huang Y., Wang S., Zhu Y., Chen A. A mycorrhiza-specific H+-ATPase is essential for arbuscule development and symbiotic phosphate and nitrogen uptake. *Plant Cell Environ.* 2020;43:1069-1083. doi: 10.1111/pce.13714.

351. Mbodj D., Effa-Effa B., Kane A., Manneh B., Gantet P., Laplaze L., Diedhiou A., Grondin A. Simbiose micorrízica arbuscular no arroz: Estabelecimento, controlo ambiental e impacto no crescimento das plantas e na resistência a stresses abióticos. *Rhizosphere.* 2018;8:12-26. doi: 10.1016/j.rhisph.2018.08.003.

352. Ayangbenro A.S., Babalola O.O. Reclamação de solos áridos e semi-áridos: O papel das archaea e bactérias promotoras do crescimento das plantas. *Curr. Plant Biol.* 2021;25:100173. doi: 10.1016/j.cpb.2020.100173

353. Kumar K., Karthika K. *Saúde do solo.* Springer; Berlim-ZHeidelberg, Alemanha: 2020. Factores abióticos e bióticos que influenciam a saúde do solo e/ou a degradação do solo; pp. 145-161.

354. Dong S., Shang Z., Gao J., Boone R.B. Enhancing sustainability of grassland
ecossistemas através da restauração ecológica e da gestão do pastoreio numa era de alterações climáticas no Planalto Qinghai-Tibetano. *Agric. Ecosyst.*
Environ. 2020;287:106684. doi: 10.1016/j.agee.2019.106684.

355. Singla A., Sharma T. Role of Plant Physiology in the Era of Second Green Revolution (Papel da Fisiologia Vegetal na Era da Segunda Revolução Verde). *Int. J. Plant Biotechnol.* 2021;7:18-36.

356. Sarker M.N.I., Wu M., Alam G.M., Islam M.S. Role of climate smart agriculture in promoting sustainable agriculture: A systematic literature review. *Int. J. Agric. Resour. Gov. Ecol.* 2019;15:323-337. doi: 10.1504/IJARGE.2019.104199.

357. Dhakal B., Kattel R.R. Effects of global changes on ecosystems services of multiple natural resources in mountain agricultural landscapes. *Sci. Total Environ.* 2019;676:665-682. doi: 10.1016/j.scitotenv.2019.04.276.

358. Liu C., Xu Y., Lu X., Han J. Trade-offs and driving forces of land use functions in ecologically fragile areas of northern Hebei Province:

Spatiotemporal analysis. *Land Use Policy.* 2021;104:105387. doi: 10.1016/j.landusepol.2021.105387.

359. Luiz J.M. *The Oxford Handbook of Management in Emerging Markets.* Oxford University Press; Oxford UK: 2019. Economia, transições e armadilhas nos mercados emergentes; p. 77.

360. Aldy J.E., Stavins R.N. The promise and problems of pricing carbon: Theory
e experiência. *J. Environ. Dev.* 2012;21:152-180.
doi: 10.1177/1070496512442508.

361. Sandalow D., Aines R., Friedmann J., McCormick C., Sanchez D.L. *Biomass Carbon Removal and Storage (BiRCS) Roadmap.* Lawrence Livermore National Lab. (LLNL); Livermore, CA, EUA: 2021.

362. Elkin-Koren N., Netanel N.W. Transplanting fair use across the globe: Um estudo de caso que testa a credibilidade da oposição dos EUA. *Hastings Law J.* 2020;72:1121.

363. De Pinto A., Cenacchi N., Kwon H.-Y., Koo J., Dunston S. Climate smart agriculture and global food-crop production. *PLoS ONE.* 2020;15:e0231764. doi: 10.1371/journal.pone.0231764.

364. Ejersa M.T. The role of arbuscular mycorrhizal fungi on agricultural crop productivity and ecosystem service: Uma revisão. *Int. J. Agrofor. Silvic.* 2021;9:1-9.

365. Messerli P., Murniningtyas E., Eloundou-Enyegue P., Foli E.G., Furman E., Glassman A., Hernández Licona G., Kim E.M., Lutz W., Moatti J.-P. *Relatório sobre o desenvolvimento sustentável global 2019: O futuro é agora - Ciência para alcançar o desenvolvimento*

sustentável. Nações Unidas; Nova Iorque, NY, EUA: 2019.
366. Mansour K.M.M. *Tese de doutoramento.* Universidade da Academia de Negócios em Novi Sad; Novi Sad, Sérvia: 2020. Gestão dos recursos naturais em função do desenvolvimento do sistema de produção agrícola na Líbia.
367. Rey F., Rivière P., Flipon E., de Buck A., Feher J., Constanzo A., Lazzaro M. Frugal, multi-ator e modelos descentralizados de avaliação de cultivares para a agricultura biológica: Métodos, ferramentas e diretrizes. *Raça. Seed Sect. Innov. Org. Food Syst.* 2021;117
368. Artmann M. Assessment of soil sealing management responses, strategies, and targets towards ecologically sustainable urban land use management. *Ambio.* 2014;43:530-541. doi: 10.1007/s13280-014-0511-1.
369. Favero-Longo S.E., Viles H.A. A review of the nature, role and control of lithobionts on stone cultural heritage: Ponderação e gestão da biodeterioração e da bioprotecção. *World J. Microbiol. Biotechnol.* 2020;36:100. doi: 10.1007/s11274-020-02878-3
370. Bhantana P., Rana M.S., Sun X.-c., Moussa M.G., Saleem M.H., Syaifudin
M., Shah A., Poudel A., Pun A.B., Bhat M.A. Arbuscular mycorrhizal fungi and its major role in plant growth, zinc nutrition, phosphorous regulation and phytoremediation. *Symbiosis.* 2021;84:19-37. doi: 10.1007/s13199-021-
00756-6.
371. Swain H., Naik S.K., Mukherjee A.K. *Advances in Agricultural and Industrial Microbiology.* Springer; Berlim-Heidelberg, Alemanha:

2022. Utilization of Arbuscular Mycorrhizal Fungi to Boom the Efficiency and Product Nature of Horticultural Crops; pp. 119-130.

372. Bagyaraj D.J., Sridhar K.R., Revanna A. *Fungal Diversity, Ecology and Control Management.* Springer; Singapura: 2022. Arbuscular Mycorrhizal Fungi Influence Crop Productivity, Plant Diversity, and Ecosystem Services; pp. 345-362.

373. Ma J., Ullah S., Niu A., Liao Z., Qin Q., Xu S., Lin C. Poluição por metais pesados
aumenta as emissões de CH_4 e diminui as emissões de CO_2 devido a alterações microbianas do solo numa zona húmida de mangue: Experiência em microcosmos e campo
exame. *Chemosphere.* 2021;269:128735.
doi: 10.1016/j.chemosphere.2020.128735.

374. Adamczyk B., Heinonsalo J., Simon J. Mechanisms of carbon sequestration in
ecossistemas altamente orgânicos - importância da química
ecologia. *ChemistryOpen.* 2020;9:464-469. doi: 10.1002/open.202000015.

375. Ye J., An N., Chen H., Ying Z., Zhang S., Zhao J. Desempenho e mecanismo de fixação de dióxido de carbono por uma estirpe quimioautotrófica recentemente isolada Paracoccus denitrificans PJ-1. *Chemosphere.* 2020;252:126473.
doi: 10.1016/j.chemosphere.2020.126473.

376. Taub D. Effects of rising atmospheric concentrations of carbon dioxide on plants (Efeitos do aumento das concentrações atmosféricas de dióxido de carbono nas plantas). *Nat. Educ. Knowl.* 2010;3:21.

377. Wielopolski L. Geological carbon sequestration: Uma nova abordagem para a monitorização da garantia próxima da superfície. *Carbon Capture Storage CO_2 Manag. Technol.* 2014;2013:105-120. doi: 10.3390/ijerph8030818.

378. Tan Z., Liu S., Sohl T.L., Wu Y., Young C.J. Ecosystem carbon stocks and sequestration potential of federal lands across the conterminous United States. *Proc. Natl. Acad. Sci. USA.* 2015;112:12723-12728. doi: 10.1073/pnas.1512542112.

379. Ren G., Zhang H., Lin X., Zhu J., Jia Z. Resposta da comunidade bacteriana endofítica da folha ao co2 elevado em diferentes estágios de crescimento da planta de arroz. *Front. Microbiol.* 2015;6:855. doi: 10.3389/fmicb.2015.00855.

380. Castrillo G., Teixeira P.J.P.L., Paredes S.H., Law T.F., De Lorenzo L., Feltcher M.E., Finkel O.M., Breakfield N.W., Mieczkowski P., Jones C.D. Root microbiota drive direct integration of phosphate stress and immunity. *Nature.* 2017;543:513-518. doi: 10.1038/nature21417.

381. Pattnaik S., Mohapatra B., Gupta A. Plant growth-promoting microbe
de nutrientes essenciais (Fe, P, K) para a gestão do stress das culturas: Continuum micróbio-solo-planta. *Front. Agron.* 2021;3:689972.
doi: 10.3389/fagro.2021.689972.

382. Aghdam S.A., Brown A.M.V. Abordagens de aprendizagem profunda para a descoberta de produtos naturais a partir de microbiomas endofíticos de plantas. *Ambiente. Microbiome.* 2021;16:6. doi: 10.1186/s40793-021-00375-0.

383. Rozp^dek P., Wçzowicz K., Nosek M., Wazny R., Tokarz K., Lembicz M.,
Miszalski Z., Turnau K. O endófito fúngico Epichloe typhina melhora a eficiência fotossintética do seu hospedeiro, a erva de pomar *(Dactylis glomerata) Planta.* 2015;242:1025-1035. doi: 10.1007/s00425-015-2337-x.

384. Khare E., Mishra J., Arora N.K. Multifaceted interactions between endophytes and plant: Desenvolvimentos e perspectivas. *Front. Microbiol.* 2018;9:2732. doi: 10.3389/fmicb.2018.02732.

385. Cregger M.A., Carper D.L., Christel S., Doktycz M.J., Labbé J., Michener J.K., Dove N.C., Johnston E.R., Moore J.A., Vélez J.M. Plant-microbe interactions: De genes a ecossistemas usando Populus como um sistema modelo. *Phytobiomes J.* 2021;5:29-38. doi: 10.1094/PBIOMES-01-20-0009- FI.

386. Williams A., Pétriacq P., Beerling D.J., Cotton T.A., Ton J. Impacts of atmospheric CO_2 and soil nutritional value on plant responses to rhizosphere colonization by soil bacteria. *Front. Plant Sci.* 2018;9:1493. doi: 10.3389/fpls.2018.01493.

387. Hayat S., Faraz A., Faizan M. *Biofilms in Plant and Soil Health (Biofilmes na saúde das plantas e do solo).* Wiley; Toronto, ON, Canadá: 2017. Exsudatos de raiz: Composição e impacto na interação planta-micróbio; pp. 179-193.

388. Mhlongo M.I., Piater L.A., Madala N.E., Labuschagne N., Dubery I.A. O
química das interações planta-micróbio na rizosfera e o potencial da metabolómica para revelar a sinalização relacionada com a iniciação da

defesa e a resistência sistémica induzida. *Front. Plant Sci.* 2018;9:112. doi: 10.3389/fpls.2018.00112.

389. Habib SH, Kausar H., Saud H.M. As rizobactérias promotoras do crescimento das plantas aumentam a tolerância ao stress da salinidade no quiabo através de enzimas de eliminação de ROS. *BioMed Res. Int.* 2016;2016:6284547. doi: 10.1155/2016/6284547.

390. Mastan A., Bharadwaj R., Kushwaha R.K., Vivek Babu C.S. Functional fungal endophytes in Coleus forskohlii regulate labdane diterpene biosynthesis for elevated forskolin accumulation in roots. *Microb. Ecol.* 2019;78:914-926. doi: 10.1007/s00248-019-01376-w.

391. Khanna K., Kohli S.K., Ohri P., Bhardwaj R., Al-Huqail A.A., Siddiqui M.H., Alosaimi G.S., Ahmad P. Microbial fortification improved photosynthetic efficiency and secondary metabolism in Lycopersicon esculentum plants under Cd stress. *Biomolecules.* 2019;9:581. doi: 10.3390/biom9100581.

392. Wu K., Li J., Luo J., Liu Y., Song Y., Liu N., Rafiq M.T., Li T. Effects of elevated CO_2 and endophytic bacterium on photosynthetic characteristics and cadmium accumulation in Sedum alfredii. *Sci. Total Environ.* 2018;643:357- 366. doi: 10.1016/j.scitotenv.2018.06.131.

393. Shukla N., Awasthi R., Rawat L., Kumar J. Biochemical and physiological responses of rice *(Oryza sativa* L.) as influenced by *Trichoderma* harzianum under drought stress. *Plant Physiol. Biochem.* 2012;54:78-88. doi: 10.1016/j.plaphy.2012.02.001.

394. Rho H., Van Epps V., Wegley N., Doty S.L., Kim S.-H. Os endófitos de Salicaceae modulam o comportamento estomático e aumentam a eficiência do uso da água no arroz. *Front. Plant Sci.*

2018;9:188. doi: 10.3389/fpls.2018.00188.
395. Jansson C., Faiola C., Wingler A., Zhu X.-G., Kravchenko A., De Graaff M.-
A., Ogden A.J., Handakumbura P.P., Werner C., Beckles D.M. Crops for carbon farming. *Front. Plant Sci.* 2021;12:636709.
doi: 10.3389/fpls.2021.636709.
396. Egamberdieva D., Wirth S.J., Alqarawi A.A., Abd_Allah E.F., Hashem A.
Fitohormonas e micróbios benéficos: Componentes essenciais para as plantas equilibrarem o stress e a aptidão física. *Front. Microbiol.* 2017;8:2104.
doi: 10.3389/fmicb.2017.02104.
397. Hacquard S., Kracher B., Hiruma K., Münch P., Garrido-Oter R., Thon M., Weimann A., Damm U., Dallery J., Hainaut M. Survival trade-offs in plant roots during colonization by closely related beneficial and pathogenic fungi. *Nat. Commun.* 2016;7:11362. doi: 10.1038/ncomms11362.
398. Gul Jan F., Hamayun M., Hussain A., Jan G., Iqbal A., Khan A., Lee I.-J. Um isolado endofítico do fungo *Yarrowia Iipolytica* produz metabolitos que melhoram o impacto negativo do stress salino na fisiologia do milho. *BMC Microbiol.* 2019;19:3. doi: 10.1186/s12866-018-1374-6.
399. Hussain T., Li J., Feng X., Asrar H., Gul B., Liu X. As alterações induzidas pela salinidade na regulação fotossintética e oxidativa são melhoradas em função da secreção de sal. *J. Plant Res.* 2021;134:779-796. doi: 10.1007/s10265-021-01285-5.

400. Inada H., Kondo T., Akhtar N., Hoshino D., Yamaguchi M., Izuta T. Relação entre a diferença de cultivar na sensibilidade da fotossíntese líquida ao ozono e o sistema de eliminação de espécies reactivas de oxigénio no trigo de inverno japonês *(Triticum aestivum) Physiol. Plant.* 2012;146:217-227. doi: 10.1111/j. 1399-3054.2012.01618.x.
401. Harman G., Khadka R., Doni F., Uphoff N. Benefits to plant health and productivity from enhancing plant microbial symbionts. *Frente. Plant Sci.* 2021;11:610065. doi: 10.3389/fpls.2020.610065.
402. Nie M., Bell C., Wallenstein M.D., Pendall E. Aumento da produtividade das plantas
e diminuição da perda de C respiratório microbiano por rizobactérias promotoras do crescimento de plantas sob CO elevado$_2$. *Sci. Rep.* 2015;5:9212.
doi: 10.1038/srep09212.
403. Khalloufi M., Martínez-Andújar C., Lachaâl M., Karray-Bouraoui N., Pérez-Alfocea F., Albacete A. A interação entre a aplicação foliar de GA3 e a inoculação de fungos micorrízicos arbusculares melhora o crescimento em plantas de tomate salinizadas *(Solanum lycopersicum* L.) modificando o equilíbrio hormonal. *J. Plant Physiol.* 2017;214:134-144. doi: 10.1016/jjplph.2017.04.012.
404. Lin J., Wang Y., Sun S., Mu C., Yan X. Efeitos de fungos micorrízicos arbusculares no crescimento, fotossíntese e pigmentos fotossintéticos de plântulas de Leymus chinensis sob stress salino-alcalino e deposição de azoto. *Sci. Total Environ.* 2017;576:234-241. doi: 10.1016/j.scitotenv.2016.10.091.
405. Hashem A., Abd_Allah E., Alqarawi A., Al Huqail A.A.,

Egamberdieva D.,
Wirth S. Alleviation of cadmium stress in *Solanum lycopersicum* L. by arbuscular mycorrhizal fungi via induction of acquired systemic tolerance. *Saudi J. Biol. Sci.* 2016;23:272-281.
doi: 10.1016/j.sjbs.2015.11.002.
406. Shi-Chu L., Yong J., Ma-Bo L., Wen-Xu Z., Nan X., Hui-hui Z. Melhorar o crescimento das plantas e atenuar a inibição fotossintética do stress salino utilizando AMF em plântulas de luzerna. *J. Plant Interact.* 2019;14:482-491. doi: 10.1080/17429145.2019.1662101.
407. Shahvali R., Shiran B., Ravash R., Fallahi H., Deri B.B. Efeito da simbiose
com fungos micorrízicos arbusculares na tolerância ao stress salino no porta-enxerto GF677 (pêssego×amêndoa). *Sci. Hortic.* 2020;272:109535.
doi: 10.1016/j.scienta.2020.109535.
408. Parihar M., Rakshit A., Rana K., Tiwari G., Jatav S.S. The effect of arbuscular mycorrhizal fungi inoculation in mitigating salt stress of pea *(Pisum sativum* L.) *Commun. Ciência do Solo. Análise de Plantas.* 2020;51:1545-1559. doi: 10.1080/00103624.2020.1784917.
409. Li Z., Wu N., Meng S., Wu F., Liu T. Fungos micorrízicos arbusculares (FMA)
aumentam a tolerância de Euonymus maackii Rupr. a um nível moderado de salinidade. *PLoS ONE.* 2020;15:e0231497. doi: 10.1371/journal.pone.0231497. Bijalwan P., Jeddi K., Saini I., Sharma M., Kaushik P., Hessini K. Mitigação de condições salinas em melancia com micorriza e aplicação de silício. *Saudi J. Biol. Sci.* 2021;28:3678-

3684.
doi: 10.1016/j.sjbs.2021.05.019.
410. Klinsukon C., Lumyong S., Kuyper T.W., Boonlue S. Colonização por
fungos micorrízicos arbusculares melhora a tolerância à salinidade de mudas de eucalipto *(Eucalyptus camaldulensis)*. *Sci. Rep.* 2021;11:4362.
doi: 10.1038/s41598-021-84002-5.
411. Mathur S., Sharma M.P., Jajoo A. Improved photosynthetic efficacy of maize (*Zea mays*) plants with arbuscular mycorrhizal fungi (AMF) under high temperature stress. *J. Photochem. Photobiol. B Biol.* 2018;180:149-154. doi: 10.1016/j.jphotobiol.2018.02.002.
412. Cabral C., Ravnskov S., Tringovska I., Wollenweber B. Os fungos micorrízicos arbusculares modificam a atribuição e a composição de nutrientes no trigo *(Triticum aestivum* L.) sujeito a stress térmico. *Solo vegetal.* 2016;408:385-399. doi: 10.1007/s11104-016-2942-x.
413. Liu N., Chen X., Song F., Liu F., Liu S., Zhu X. Efeitos da micorriza arbuscular no crescimento e nutrição de plantas de milho sob stress de baixa temperatura. *Philipp. Agric. Sci.* 2016;99:246-252.
414. Zhu X., Song F., Liu F. Perfil de aminoácidos alterado de plantas de milho micorrízicas arbusculares sob estresse de baixa temperatura. *J. Plant Nutr. Soil Sci.* 2016;179:186-189. doi: 10.1002/jpln.201400165.
415. Chu X., Fu J., Sun Y., Xu Y., Miao Y., Xu Y., Hu T. Efeito da inoculação de fungos micorrízicos arbusculares nos danos oxidativos induzidos pelo stress frio nas folhas de *Elymus nutans* Griseb. *S. Afr. J.*

Bot. 2016;104:21-29. doi: 10.1016/j.sajb.2015.10.001.
416. Hajiboland R., Joudmand A., Aliasgharzad N., Tolrá R., Poschenrieder C. Os fungos micorrízicos arbusculares aliviam o stress a baixa temperatura e aumentam a resistência ao congelamento como substituto do tratamento de aclimatação na cevada. *Crop Pasture Sci.* 2019;70:218-233. doi: 10.1071/CP18385
417. Ma J., Janousková M., Ye *L.,* Bai *L.,* Dong R., Yan Y., Yu X., Zou Z., Li Y., He C. Role of arbuscular mycorrhiza in alleviating the effect of cold on the photosynthesis of cucumber seedlings. *Photosynthetica.* 2019;57:86-95. doi: 10.32615/ps.2019.001.
418. Nogales A., Ribeiro H., Nogales-Bueno J., Hansen L.D., Gonçalves E.F., Coito J.L., Rato A.E., Peixe A., Viegas W., Cardoso H. Resposta de Micorrizas[5] Touriga Nacional 'Variety Grapevines a Temperaturas Elevadas
Medida por calorespirometria e infravermelho próximo
Espectroscopia. *Plantas.* 2020;9:1499. doi: 10.3390/plants9111499.
419. Reva M., Cano C., Herrera M.-A., Bago A. Arbuscular mycorrhizal inoculation enhances endurance to severe heat stress in three horticultural crops. *HortScience.* 2021;56:396-406. doi: 10.21273/HORTSCI14888-20.
420. Mirshad P., Puthur J.T. A associação micorrízica arbuscular melhora a resistência à seca
potencial de tolerância de uma promissora gramínea bioenergética *(Saccharum arundinaceum* retz.) *Environ. Monit. Assess.* 2016;188:425.
doi: 10.1007/s10661-016-5428-7.

421. Rani B. *Efeito dos fungos micorrizas arbusculares nos parâmetros bioquímicos do trigo (Triticum aestivum L.) em condições de seca [com cópia em CD]* Bioquímica, CCSHAU; Hisar, Índia: 2016

422. Yooyongwech S., Samphumphuang T., Tisarum R., Theerawitaya C., Cha-um S. Os fungos micorrízicos arbusculares (FMA) melhoraram a tolerância ao défice hídrico em dois genótipos diferentes de batata-doce, o que envolve ajustes osmóticos através de açúcar solúvel e prolina livre. *Sci. Hortic.* 2016;198:107-117. doi: 10.1016/j.scienta.2015.11.002.

423. Tallapragada P., Dikshit R., Seshagiri S. Influence of *Rhizophagus* spp. and *Burkholderia seminalis* on the growth of tomato (*Lycopersicon esculatum*) and bell pepper (*Capsicum annuum*) under drought stress. *Commun. Soil Sci. Plant Anal.* 2016;47:1975-1984. doi: 10.1080/00103624.2016.1216561.

424. Chitarra W., Pagliarani C., Maserti B., Lumini E., Siciliano I., Cascone P., Schubert A., Gambino G., Balestrini R., Guerrieri E. Insights sobre o impacto da simbiose micorrízica arbuscular na tolerância do tomate ao stress hídrico. *Plant Physiol.* 2016;171:1009-1023. doi: 10.1104/pp.16.00307.

425. Pal A., Pandey S. Role of arbuscular mycorrhizal fungi on plant growth and recoveration of barren soil with wheat *(Triticum aestivum* L.) crop. *Int. J. Soil Sci.* 2016;12:25-31. doi: 10.3923/ijss.2017.25.31.

426. Pedranzani H., Rodríguez-Rivera M., Gutiérrez M., Porcel R., Hause B., Ruiz-Lozano J.M. Arbuscular mycorrhizal symbiosis regulates physiology and performance of *Digitaria eriantha* plants subjected to abiotic stresses by modulating antioxidant and jasmonate

levels. *Mycorrhiza.* 2016;26:141-152. doi: 10.1007/s00572-015-0653-4.

427. Goicoechea N., Antolín M.C. Aumento do valor nutricional dos alimentos
culturas. *Microb. Biotechnol.* 2017;10:1004-1007. doi: 10.1111/1751 7915.12764.

428. Zhang X., Zhang H., Lou X., Tang M. As raízes micorrízicas e não micorrízicas de Medicago truncatula apresentam uma resposta NADPH oxidase e antioxidante regulada de forma diferente sob stress de Pb. *Environ. Exp. Bot.* 2019;164:10-19. doi: 10.1016/j.envexpbot.2019.04.015.

429. Zhang F., Jia-Dong H., Qiu-Dan N., Qiang-Sheng W., Ying-Ning Z. Aumento da tolerância à seca em laranja trifoliada por micorriza: Alterações nos metabolismos de sacarose e prolina da raiz. *Não. Bot. Horti Agrobot. Cluj-Napoca.* 2018;46:270-276. doi: 10.15835/nbha46110983.

430. Wu H.-H., Zou Y.-N., Rahman M.M., Ni Q.-D., Wu Q.-S. As micorrizas alteram o metabolismo da sacarose e da prolina na laranja trifoliada exposta ao stress da seca. *Sci. Rep.* 2017;7:42389. doi: 10.1038/srep42389

431. Aalipour H., Nikbakht A., Etemadi N., Rejali F., Soleimani M. Biochemical response and interactions between arbuscular mycorrhizal fungi and plant growth promoting rhizobacteria during establishment and stimulating growth of Arizona cypress *(Cupressus arizonica* G.) under drought stress. *Sci. Hortic.* 2020;261:108923. doi: 10.1016/j.scienta.2019.108923.

432. Hu Y., Xie W., Chen B. Arbuscular mycorrhiza improved drought tolerance of maize seedlings by altering photosystem II efficiency and the levels of key metabolites. *Chem. Biol. Technol. Agric.* 2020;7:20. doi: 10.1186/s40538- 020-00186-4.

433. Boutasknit A., Baslam M., Ait-El-Mokhtar M., Anli M., Ben-Laouane R., Douira A., El Modafar C., Mitsui T., Wahbi S., Meddich A. Arbuscular mycorrhizal fungi mediate drought tolerance and recovery in two contrasting alob *(Ceratonia siliqua* L.) ecotypes by regulating stomatal, water relations, and (in) organic adjustments. *Plantas.* 2020;9:80. doi: 10.3390/plants9010080.

434. Chen W., Meng P., Feng H., Wang C. Effects of arbuscular mycorrhizal fungi on growth and physiological performance of Catalpa bungei CA Mey. under drought stress. *Florestas.* 2020;11:1117. doi: 10.3390/f11101117.

435. Liao X., Chen J., Guan R., Liu J., Sun Q. Dois fungos micorrízicos arbusculares aliviam o stress da seca e melhoram o crescimento das plantas em plântulas de Cinnamomum migao. *Mycobiology.* 2021;49:396-405.
doi: 10.1080/12298093.2021.1938803.

436. Gholinezhad E., Darvishzadeh R. Influência dos fungos micorrizas arbusculares
e stress de seca no perfil de ácidos gordos do sésamo (*Sesamum indicum* L.) *Field Crops Res.* 2021;262:108035.
doi: 10.1016/j.fcr.2020.108035.

437. Jiang Q.-Y., Zhuo F., Long S.-H., Zhao H.-D., Yang D.-J., Ye Z.-H., Li S.-S., Jing Y.-X. Os fungos micorrízicos arbusculares podem

reduzir a absorção de Cd e aliviar a toxicidade de Cd de Lonicera japonica cultivada em solos com adição de Cd? *Sci. Rep.* 2016;6:21805. doi: 10.1038/srep21805.

438. Garg N., Singh S. Arbuscular mycorrhiza Rhizophagus irregularis and silicon modulate growth, proline biosynthesis and yield in *Cajanus cajan* L. Millsp.(pigeonpea) genotypes under cadmium and zinc stress. *J. Plant Growth Regul.* 2018;37:46-63. doi: 10.1007/s00344-017-9708-4.

439. Liu L., Li J., Yue F., Yan X., Wang F., Bloszies S., Wang Y. Efeitos da inoculação micorrízica arbuscular e da alteração do biochar no crescimento do milho, na absorção de cádmio e na especiação de cádmio no solo contaminado com Cd. *Chemosphere.* 2018;194:495-503.
doi: 10.1016/j.chemosphere.2017.12.025.

440. Abdelhameed R.E., Metwally R.A. Alleviation of cadmium stress by arbuscular mycorrhizal symbiosis. *Int. J. Phytoremediation.* 2019;21:663- 671. doi: 10.1080/15226514.2018.1556584.

441. Cui G., Ai S., Chen K., Wang X. Arbuscular mycorrhiza augments cadmium tolerance in soybean by altering accumulation and partitioning of nutrient elements, and related gene expression. *Ecotoxicol. Environ. Saf.* 2019;171:231-239. doi: 10.1016/j.ecoenv.2018.12.093.

442. Sayin F., Khalvati M., Erdinçler A. Efeitos da aplicação de lamas de depuração e das interações de fungos micorrízicos arbusculares (*G. mosseae* e *G. intraradices*) na fitorremediação de metais pesados em rejeitos de minas de crómio. *Front. Plant Sci.* 2019;112:217-224.

443. Singh G., Pankaj U., Chand S., Verma R.K. Arbuscular mycorrhizal l'ungi- assisted phytoextraction of toxic metals by *Zea mays* L. from tannery sludge. *Soil Sediment Contam. Int. J.* 2019;28:729-746. doi: 10.1080/15320383.2019.1657381.

444. Xu Z., Wu Y., Xiao Z., Ban Y., Belvett N. Efeitos positivos da inoculação de Funneliformis mosseae em plântulas de cana sob stress hídrico e nanopartículas de TiO_2 . *World J. Microbiol. Biotechnol.* 2019;35:81. doi: 10.1007/s 11274019-2656-3.

445. Zhan F., Li B., Jiang M., Li T., He Y., Li Y., Wang Y. Efeitos de plantas arbustivas
fungos micorrízicos no crescimento e na acumulação de metais pesados da erva-bermuda *[Cynodon dactylon* (L.) Pers.] cultivada num terreno baldio de uma mina de chumbo-zinco. *Int. J. Phytoremediation.* 2019;21:849-856.
doi: 10.1080/15226514.2019.1577353.

446. Zhang F., Liu M., Li Y., Che Y., Xiao Y. Efeitos de micorrizas arbusculares
fungos, biochar e cádmio no rendimento e na absorção de elementos de Medicago sativa. *Sci. Total Environ.* 2019;655:1150-1158.
doi: 10.1016/j.scitotenv.2018.11.317.

447. Wu J.T., Wang L., Zhao L., Huang X.C., Ma F. Os fungos micorrízicos arbusculares afectam o crescimento e a fotossíntese de *Phragmites australis* (Cav.) Trin ex. Steudel sob stress de cobre. *Plant Biol.* 2020;22:62-69. doi: 10.1111/plb.13039.

448. Crossay T., Cavaloc Y., Majorel C., Redecker D., Medevielle V., Amir H. Combinações de diferentes fungos micorrízicos arbusculares

melhoram a aptidão e a tolerância a metais do sorgo em solo ultramáfico. *Rhizosphere.* 2020;14:100204. doi: 10.1016/j.rhisph.2020.100204.

449. Wang X.-X., Wang X., Sun Y., Cheng Y., Liu S., Chen X., Feng G., Kuyper T.W. Os fungos micorrízicos arbusculares afectam negativamente a aquisição de azoto e o rendimento de grãos de milho num solo deficiente em N. *Front. Microbiol.* 2018;9:418. doi: 10.3389/fmicb.2018.00418.

450. Manjunatha H., Nirmalnath P.J., Chandranath H., Ammanna S., Jagadeesh K. Field evalualtion of native arbuscular mycorrhizal fungi in the management of

Striga na cana-de-açúcar *(Saccharum officinarum* L.) *J. Pharmacogn. Phytochem.* 2018;7:2496-2500.

451. Liu Y., Feng X., Gao P., Li Y., Christensen M.J., Duan T. Os fungos micorrizas arbusculares aumentaram a suscetibilidade de Astragalus adsurgens ao oídio causado por *Erysiphe pisi. Mycology.* 2018;9:223-232. doi: 10.1080/21501203.2018.1477849.

452. Kumari S.M.P., Srimeena N. Factores de defesa induzidos por fungos micorrízicos arbusculares (FMA) contra o agente patogénico da doença do amortecimento, *Pythium aphanidermatum*, na malagueta *(Capsicum annum) Int. J. Curr. Microbiol. Appl. Sci.* 2019;8:2243-2248. doi: 10.20546/ijcmas.2019.806.267.

453. Kumari S.M.P., Prabina B.J. Proteção do tomate, Lycopersicon esculentum, contra o agente patogénico da murchidão, *Fusarium oxysporum* f. sp. *lycopersici*, por fungos micorrízicos arbusculares, *Glomus* sp. *Int. J. Curr. Microbiol. Appl. Sci.* 2019;8:1368-1378. doi: 10.20546/ijcmas.2019.804.159.

454. Spagnoletti F.N., Cornero M., Chiocchio V., Lavado R.S., Roberts I.N. Arbuscular mycorrhiza protects soybean plants against *Macrophomina phaseolina* even under nitrogen fertilization. *Eur. J. Plant Pathol.* 2020;156:839-849. doi: 10.1007/s10658-020-01934-w.
455. Aylward J., Roets F., Dreyer L.L., Wingfield M.J. Unseen fungal biodiversity and complex inter-organismal interactions in Protea flower heads. *Fungal Biol. Rev.* 2023;45:100317. doi: 10.1016/j.fbr.2023.100317.
456. Frac M., Jędryczka M., Hannula E.S. Soil fungal biodiversity for plant and soil health, volume II. *Front. Microbiol.* 2023;14:1170312. doi: 10.3389/fmicb.2023.1170312.
457. Vandegrift R., Newman D., Dentinger B., Batallas-Molina R., Dueñas N., Flores J., Goyes P., Jenkinson T., McAlpine J., Navas D. Richer than Gold: A biodiversidade fúngica da Reserva Los Cedros, uma floresta nublada andina ameaçada. *Bot. Stud.* 2023;64:17. doi: 10.1186/s40529-023-00390-z.
458. Panstruga R., Antonin W., Lichius A. Looking outside the box: Uma visão comparativa entre os reinos sobre a biologia celular das três principais linhagens de vida multicelular eucariótica. *Cell. Mol. Life Sci.* 2023;80:198. doi: 10.1007/s00018-023-04843-3.
459. Tang S.-K., Zhi X.-Y., Zhang Y., Makarova K.S., Liu B.-B., Zheng G.-S., Zhang Z.-P., Zheng H.-J., Wolf Y.I., Zhao Y.-R. Diferenciação celular em hifas e esporos em arquéias halofílicas. *Nat. Commun.* 2023;14:1827. doi: 10.1038/s41467-023-37389-w.
460. Shi J., Wang X., Wang E. Mycorrhizal symbiosis in plant growth and stress adaptation: Dos genes aos ecossistemas. *Annu. Rev. Plant*

Biol. 2023;74:569- 607. doi: 10.1146/annurev-arplant-061722-090342.
461. Tajuddin R.Y., Asfar M., Dirpan A. Uma visão geral - a espuma composta de micélio pode ser utilizada como embalagem de alimentos. *AIP Conf. Proc.* 2023;2596:040010.
462. Sun X., Shi J., Ding G. Efeitos combinados da micorriza arbuscular e do stress da seca no crescimento das plantas e na mortalidade do sorgo forrageiro. *Appl. Soil Ecol.* 2017;119:384-391. doi: 10.1016/j.apsoil.2017.07.030.
463. Spatafora J.W., Chang Y., Benny G.L., Lazarus K., Smith M.E., Berbee M.L., Bonito G., Corradi N., Grigoriev I., Gryganskyi A., et al. A phylum-level phylogenetic classification of zygomycete fungi based on genome-scale data. *Mycologia.* 2016;108:1028-1046. doi: 10.3852/16-042.
464. Redecker D., SchhBler A., Stockinger H., Stürmer S.L., Morton J.B., Walker
C. Um consenso baseado em evidências para a classificação de fungos micorrízicos arbusculares *(Glomeromycota) Mycorrhiza.* 2013;23:515-531.
doi: 10.1007/s00572-013-0486-y.
465. Jiang Y., Wang W., Xie Q., Liu N., Liu L., Wang D., Zhang X., Yang C., Chen X., Tang D. As plantas transferem lípidos para manter a colonização por fungos micorrízicos e parasitas mutualistas. *Science.* 2017;356:1172-1175. doi: 10.1126/science.aam9970.
466. Bago B., Pfeffer P., Shachar-Hill Y. Transporte e metabolismo do carbono em
micorriza arbuscular. *Plant Physiol.* 2000;124:949-957.

doi: 10.1104/pp.124.3.949.
467. Smith S., Read D. *Mycorrhizal Symbiosis.* 3ª ed.; Academic Press; York, NY, EUA: 2008. Academic Press; Nova Iorque, NY, EUA: 2008.
468. Gianinazzi S., Gollotte A., Binet M.-N., van Tuinen D., Redecker D., Wipf D. Agroecology: The key role of arbuscular mycorrhizas in ecosystem services. *Mycorrhiza.* 2010;20:519-530. doi: 10.1007/s00572-010-0333-3.
469. de Andrade L.A., Santos C.H.B., Frezarin E.T., Sales L.R., Rigobelo E.C.
Rizobactérias promotoras do crescimento das plantas para uma agricultura sustentável
produção. *Microorganismos.* 2023;11:1088.
doi: 10.3390/microorganisms11041088.
470. Astapati A.D., Nath S. The complex interplay between plant-microbe and virus interactions in sustainable agriculture: Aproveitamento de fitomicrobiomas para melhorar a saúde do solo, plantas de design, eficiência na utilização de recursos e segurança alimentar. *Crop Des.* 2023;2:100028. doi: 10.1016/j.cropd.2023.100028.
471. Woo S.L., Hermosa R., Lorito M., Monte E. *Trichoderma:* Um microrganismo polivalente e benéfico para as plantas para uma agricultura eco-sustentável. *Nat. Rev. Microbiol.* 2023;21:312-326. doi: 10.1038/s41579-022-00819-5.
472. Li W., Yao J., He C., Ren Y., Zhao L., He X. A sinergia de endófitos septados escuros e resíduos orgânicos no crescimento de

Isatis indigotica e na acumulação de ingredientes activos sob stress de seca. *Ind. Crops Prod.* 2023;203:117147. doi: 10.1016/j.indcrop.2023.117147.

473. Liu Y., Lu J., Cui L., Tang Z., Ci D., Zou X., Zhang X., Yu X., Wang Y., Si T. Os papéis multifacetados dos fungos micorrízicos arbusculares nas respostas do amendoim ao sal, seca e estresse frio. *BMC Plant Biol.* 2023;23:36. doi: 10.1186/s 12870-023-04053-w.

474. Diaz-Urbano M., Goicoechea N., Velasco P., Poveda J. Desenvolvimento de
bio-inoculantes agrícolas baseados em fungos micorrízicos e fungos filamentosos endofíticos: Co-inoculantes para melhorar as respostas fisiológicas das plantas na agricultura sustentável. *Biol. Control.* 2023;182:105223.
doi: 10.1016/j.biocontrol.2023.105223.

475. Li G., Tang X., Hou Q., Li T., Xie H., Lu Z., Zhang T., Liao Y., Wen X. Resposta das fracções de carbono orgânico do solo à incorporação de leguminosas no sistema de cultivo e factores que a afectam: Uma meta-análise global. *Agric. Ecosyst. Environ.* 2023;342:108231. doi: 10.1016/j.agee.2022.108231.

476. Medina-Sauza R.M., Álvarez-Jiménez M., Delhal A., Reverchon F., Blouin M., Guerrero-Analco J.A., Cerdán C.R., Guevara R., Villain L., Barois I. Earthworms building up soil microbiota, a review. *Front. Environ. Sci.* 2019;7:81. doi: 10.3389/fenvs.2019.00081.

477. Janowski D., Leski T. Factores na distribuição de fungos micorrízicos e do solo. *Diversidade.* 2022;14:1122. doi: 10.3390/d14121122.

478. Ray P., Lakshmanan V., Labbé J.L., Craven K.D. Microbe to microbiome: A
mudança de paradigma na aplicação de microrganismos para uma agricultura sustentável. *Front. Microbiol.* 2020;11:622926. doi: 10.3389/fmicb.2020.622926.

479. Bhupenchandra I., Chongtham S.K., Devi E.L., Choudhary A.K., Salam
M.D., Sahoo M.R., Bhutia T.L., Devi S.H., Thounaojam A.S., Behera C. Role of biostimulants in mitigating the effects of climate change on crop performance. *Front. Plant Sci.* 2022;13:967665. doi: 10.3389/fpls.2022.967665.

480. Mathur S., Jajoo A. Arbuscular mycorrhizal fungi protects maize plants from high temperature stress by regulating photosystem II heterogeneity. *Ind. Crops Prod.* 2020; 143:111934. doi: 10.1016/j.indcrop.2019.111934.

481. Etikala B., Adimalla N., Madhav S., Somagouni S.G., Keshava Kiran Kumar P. *Groundwater Geochemistry: Pollution and Remediation Methods.* Wiley; Toronto, ON, Canadá: 2021. Salinity Problems in Groundwater and Management Strategies in Arid and Semiarid Regions; pp. 42-56.

482. Lin C., Wang Y., Liu M., Li Q., Xiao W., Song X. Efeitos do azoto
deposição e adição de fósforo em fungos micorrízicos arbusculares de abeto chinês *(Cunninghamia lanceolata*) *Sci. Rep.* 2020;10:12260. doi: 10.1038/s41598-020-69213-6.

483. Jung S.C., Martinez-Medina A., Lopez-Raez J.A., Pozo M.J.

Mycorrhiza-
resistência induzida e ativação das defesas das plantas. *J. Chem. Ecol.* 2012;38:651-664. doi: 10.1007/s10886-012-0134-6.
484. Barão N.C., Rigobelo E.C. Fungos endofíticos: Uma ferramenta para promoção do crescimento vegetal e agricultura sustentável. *Mycology.* 2022;13:39-55. doi: 10.1080/21501203.2021.1945699.
485. Kour D., Rana K.L., Yadav A.N., Yadav N., Kumar M., Kumar V., Vyas P., Dhaliwal H.S., Saxena A.K. Microbial biofertilizers: Bioresources and ecofriendly technologies for agricultural and environmental
sustentabilidade. *Biocatal. Agric. Biotechnol.* 2020;23:101487. doi: 10.1016/j.bcab.2019.101487.
486. Begum N., Qin C., Ahanger M.A., Raza S., Khan M.I., Ashraf M., Ahmed N., Zhang L. Role of arbuscular mycorrhizal fungi in plant growth regulation: Implicações na tolerância ao stress abiótico. *Frente. Plant Sci.* 2019;10:1068. doi: 10.3389/fpls.2019.01068.
487. Edlinger A., Garland G., Hartman K., Banerjee S., Degrune F., García- Palacios P., Hallin S., Valzano-Held A., Herzog C., Jansa J. Agricultural management and pesticide use reduce the functioning of beneficial plant symbionts. *Nat. Ecol. Evol.* 2022;6:1145-1154. doi: 10.1038/s41559-022- 01799-8.
488. Babikova Z., Gilbert L., Bruce T., Dewhirst S.Y., Pickett J.A., Johnson D. Arbuscular mycorrhizal fungi and aphids interact by changing host plant quality and volatile emission. *Funct. Ecol.* 2014;28:375-385. doi: 10.1111/1365-2435.12181.
489. War A.R., Paulraj M.G., Ahmad T., Buhroo A.A., Hussain B.,

Ignacimuthu S., Sharma H.C. Mechanisms of plant defense against insect herbivores. *Plant Signal. Behav.* 2012;7:1306-1320. doi: 10.4161/psb.21663
490. Elhamouly N.A., Hewedy O.A., Zaitoon A., Miraples A., Elshorbagy O.T., Hussien S., El-Tahan A., Peng D. The hidden power of secondary metabolites in plant-fungi interactions and sustainable phytoremediation. *Front. Plant Sci.* 2022;13:1044896. doi: 10.3389/fpls.2022.1044896.
491. Filion M., St-Arnaud M., Jabaji-Hare S. Quantificação de *Fusarium solani* f. sp. phaseoli em plantas de feijão micorrízicas e no solo da micorrizosfera circundante utilizando a reação em cadeia da polimerase em tempo real e isolamentos diretos em
meios selectivos. *Phytopathology.* 2003;93:229-235.
doi: 10.1094/PHYTO.2003.93.2.229.
492. Nanjundappa A., Bagyaraj D.J., Saxena A.K., Kumar M., Chakdar H. Interação entre fungos micorrízicos arbusculares e *Bacillus* spp. no solo, melhorando o crescimento das plantas cultivadas. *Fungal Biol. Biotechnol.* 2019;6:23. doi: 10.1186/s40694-019-0086-5.
493. George N.P., Ray J.G. The inevitability of arbuscular mycorrhiza for sustainability in organic agriculture-A critical review. *Front. Sustain. Food Syst.* 2023;7:1124688. doi: 10.3389/fsufs.2023.1124688.
494. Chen M., Arato M., Borghi L., Nouri E., Reinhardt D. Beneficial services of arbuscular mycorrhizal fungi - from ecology to application. *Front. Plant Sci.* 2018;9:1270. doi: 10.3389/fpls.2018.01270.
495. Khaliq A., Perveen S., Alamer K.H., Zia Ul Haq M., Rafique Z., Alsudays
I.M., Althobaiti A.T., Saleh M.A., Hussain S., Attia H. Arbuscular

Mycorrhizal Fungi Symbiosis to Enhance Plant-Soil
Interação. *Sustentabilidade.* 2022;14:7840. doi: 10.3390/su14137840.
496. Loo W.T., Chua K.-O., Mazumdar P., Cheng A., Osman N., Harikrishna J.A. Arbuscular Mycorrhizal Symbiosis: A Strategy for Mitigating the Impacts of Climate Change on Tropical Legume Crops (Uma estratégia para atenuar os impactos das alterações climáticas nas culturas de leguminosas tropicais). *Plants.* 2022;11:2875. doi: 10.3390/plants11212875.
497. Liang T., Chen G., Zhao J., Sinha S., Zhang W. AMF-Placer 2.0: Planejador analítico de tamanho misto orientado por tempo de código aberto para FPGA heterogêneo de grande escala. *arXiv.* 20222210.08682
498. Islam M.A. *Effects of Arbuscular Mycorrhizal Fungi on Plant Growth, Yield, and Plant-Parasitic Nematode Control in Organic Tomato Production: Um estudo de campo e uma revisão sistemática.* Hochschule Rhein-Waal; Westfalen, Alemanha: 2022.
499. Dhiman M., Sharma L., Kaushik P., Singh A., Sharma M.M. Mycorrhiza: An Ecofriendly Bio-Tool for Better Survival of Plants in Nature. *Sustainability.* 2022;14:10220. doi: 10.3390/su141610220.
500. Watts-Williams S.J. Track and trace: Como as técnicas de rotulagem do solo têm
revelou os segredos do transporte de recursos na simbiose micorrízica arbuscular. *Mycorrhiza.* 2022;32:257-267. doi: 10.1007/s00572-022-01080-
7.

501. Gao X., Guo H., Zhang Q., Guo H., Zhang L., Zhang C., Gou Z.,

Liu Y., Wei J., Chen A. Os fungos micorrízicos arbusculares (AMF) melhoraram o crescimento, o rendimento, a qualidade da fibra e a regulação do fósforo no algodão de terras altas (*Gossypium hirsutum* L.) *Sci. Rep.* 2020;10:2084. doi: 10.1038/s41598-020-59180-3.

502. Adisa I.O., Pullagurala V.L.R., Peralta-Videa J.R., Dimkpa C.O., Elmer W.H., Gardea-Torresdey J.L., White J.C. Recent advances in nano-enabled fertilizers and pesticides: Uma análise crítica dos mecanismos de ação. *Environ. Sci. Nano.* 2019;6:2002-2030. doi: 10.1039/C9EN00265K

503. Reicosky D., Calegari A., dos Santos D.R., Tiecher T. *Cover Crops and Sustainable Agriculture.* CRC Press; Boca Raton, FL, EUA: 2021. Cover Crop Mixes for Diversity, Carbon and Conservation Agriculture (Misturas de culturas de cobertura para diversidade, carbono e agricultura de conservação); pp. 169208.

504. Kaur J. *Tese de Mestrado.* Universidade do Vale do Rio Grande do Texas; Vale do Rio Grande, TX, EUA: 2020. Efeitos dos fungos micorrízicos arbusculares (AMF) no crescimento e nas defesas de herbívoros no sorgo Sudangrass *(Sorghum X drummondii)*

505. Salomon M., Watts-Williams S., McLaughlin M., Brien C., Jewell N., Berger

B., Cavagnaro T. Evaluation of commercial composts and potting mixes and their ability to support arbuscular mycorrhizal fungi with maize (*Zea mays)* as host plant. *Waste Manag.* 2021;134:187-196. doi: 10.1016/j.wasman.2021.08.018.

506. Li W., Li W.-B., Xing L.-J., Guo S.-X. Efeito dos fungos micorrízicos arbusculares (AMF) e das rizobactérias promotoras do

crescimento das plantas (PGPR) no micro-organismo de solos contaminados com fenantreno e pireno. *Int. J. Phytoremediation.* 2022;25:240-251. doi: 10.1080/15226514.2022.2071832.
Konvalinková T., Püschel D., Rezácová V., Gryndlerová H., Jansa J. O fluxo de carbono da planta para os fungos micorrízicos arbusculares é reduzido sob fertilização com fósforo. *Solo vegetal.* 2017;419:319-333. doi: 10.1007/s11104-017-3350- 6.

507. Püschel D., Bitterlich M., Rydlová J., Jansa J. Facilitation of plant water uptake by an arbuscular mycorrhizal fungus: A Gordian knot of roots and hyphae. *Mycorrhiza.* 2020;30:299-313. doi: 10.1007/s00572-020-00949-9.

508. Van't Padje A., Werner G.D., Kiers E.T. Os fungos micorrízicos controlam o valor do fósforo na simbiose comercial com as raízes hospedeiras quando expostos a "quebras" e "explosões" abruptas da disponibilidade de recursos. *New Phytol.* 2021;229:2933- 2944. doi: 10.1111/nph.17055.

509. Akhtar M., Yousaf S., Sarwar N., Hussain S. Zinc biofortification of cereals-Role of phosphorus and other impediments in alkaline calcareous soils. *Environ. Geochem. Health.* 2019;41:2365-2379. doi: 10.1007/s10653- 019-00279-6.

510. Wall C.B., Egan C.P., Swift S.I., Hynson N.A. Três décadas após a reflorestação não levaram à reconstituição das comunidades de fungos micorrízicos arbusculares associadas a florestas primárias remanescentes. *Mol. Ecol.* 2020;29:4234-4247. doi: 10.1111/mec. 15624.

511. Pérez-Tienda J., Valderas A., Camañes G., Garcia-Agustin P.,

Ferrol N. Kinetics of NH 4+ uptake by the arbuscular mycorrhizal fungus *Rhizophagus irregularis. Mycorrhiza.* 2012;22:485-491. doi: 10.1007/s00572-012-0452-0.
512. Jenks G.K. Restabelecer a capacidade funcional natural dos ecossistemas das dunas costeiras: Utilização de registos de investigação para a renovação do litoral da Nova Zelândia como indicador de respostas globais análogas. *J. Coast. Conserv.* 2018;22:623- 665. doi: 10.1007/s11852-018-0598-9.
513. Xie L., Bi Y., Ma S., Shang J., Hu Q., Christie P. Inoculação combinada com endófitos septados escuros e fungos micorrízicos arbusculares: Efeitos sinérgicos ou competitivos de crescimento no milho? *BMC Plant Biol.* 2021;21:498. doi: 10.1186/s12870-021-03267-0.
514. SchhBler A., Martin H., Cohen D., Fitz M., Wipf D. Arbuscular mycorrhiza: Estudos sobre a simbiose geosifão levam à caraterização do primeiro transportador de açúcar glomeromicotano. *Plant Signal. Behav.* 2007;2:431-434. doi: 10.4161/psb.2.5.4465.
515. Brundrett M.C., Ashwath N. Glomeromycotan mycorrhizal fungi from tropical Australia III. Medição da diversidade em habitats naturais e perturbados. *Solo vegetal.* 2013;370:419-433. doi: 10.1007/s11104-013-1613-4.
516. Paranavithana T., Marasinghe S., Perera G., Ratnayake R. Effects of crop rotation on enhanced occurrence of arbuscular mycorrhizal fungi and soil carbon stocks of lowland paddy fields in seasonaly dry tropics. *Paddy Water Environ.* 2021;19:217-226. doi: 10.1007/s10333-020-00833-4.

517. Burridge J.D., Findeis J.L., Jochua C.N., Miguel M.A., Mubichi-Kut F.M., Quinhentos M.L., Xerinda S.A., Lynch J.P. Um estudo de caso sobre a eficácia da seleção fenotípica de raízes para a tolerância ao stress edáfico na agricultura de baixo consumo: Melhoramento do feijão comum em Moçambique. *Field Crops Res.* 2019;244:107612. doi: 10.1016/j.fcr.2019.107612.
518. An J., Zeng T., Ji C., de Graaf S., Zheng Z., Xiao T.T., Deng X., Xiao S., Bisseling T., Limpens E. A Medicago truncatula SWEET transporter implicated in arbuscule maintenance during arbuscular mycorrhizal symbiosis. *New Phytol.* 2019;224:396-408. doi: 10.1111/nph.15975.
519. Meena R.S., Vijayakumar V., Yadav G.S., Mitran T. Response and interaction of Bradyrhizobium japonicum and arbuscular mycorrhizal fungi in the soybean rhizosphere. *Regulação do crescimento das plantas.* 2018;84:207-223. doi: 10.1007/s10725-017-0334-8.
520. Borowicz V.A. Do arbuscular mycorrhizal fungi alterate plant-pathogen relations? *Ecology.* 2001;82:3057-3068.
521. Bennett A.E., Classen A.T. Climate change influences mycorrhizal fungal- plant interactions, but conclusions are limited by geographical study bias. *Ecologia.* 2020;101:e02978. doi: 10.1002/ecy.2978.
522. Kazerooni E.A., Maharachchikumbura S.S., Al-Sadi A.M., Rashid U., Kang S.-M., Lee I.-J. Actinomucor elegans and Podospora bulbillosa Positively Improves Endurance to Water Deficit and Salinity Stresses in Tomato Plants. *J. Fungi.* 2022;8:785. doi:

10.3390/jof8080785.

523. Liu M., Shen Y., Li Q., Xiao W., Song X. A colonização por fungos micorrízicos arbusculares e o pH do solo induzido por adições de azoto e fósforo afectam a estequiometria C: N: P das folhas em florestas de abeto chinês (*Cunninghamia lanceolata*). *Solo vegetal.* 2021;461:421-440. doi: 10.1007/s11104-021-04831-1.

524. Dubey S.P., Lahtinen M., Sillanpaa M. Tansy fruit mediated greener synthesis of silver and gold nanoparticles. *Process Biochem.* 2010;45:1065-1071. doi: 10.1016/j.procbio.2010.03.024.

525. Pearce L.M. *Tese de doutoramento.* Universidade Nacional Australiana (Austrália); Camberra, Austrália: 2019. Histórias críticas para a restauração ecológica.

526. Delavaux C.S., Smith-Ramesh L.M., Kuebbing S.E. Para além dos nutrientes: A meta-analysis of the diverse effects of arbuscular mycorrhizal fungi on plants and soils. *Ecologia.* 2017;98:2111-2119. doi: 10.1002/ecy.1892.

527. Hodge A., Storer K. Arbuscular mycorrhiza and nitrogen: Implications for individual plants through to ecosystems. *Solo vegetal.* 2015;386:1-19. doi: 10.1007/s11104-014-2162-1.

528. Liu H., Liang C., Ai Z., Zhang J., Wu Y., Xu H., Xue S., Liu G. Planta

A associação de micorrizas afecta a diversidade vegetal, a biomassa e os nutrientes do solo ao longo de gradientes temporais de restauração natural após o abandono de terras agrícolas no Planalto de Loess, China. *Land Degrad. Dev.* 2019;30:1677-1690.

doi: 10.1002/ldr.3372.

529. Zhang T., Sun Y., Shi Z., Feng G. Arbuscular mycorrhizal fungi can accelerate the restoration of degraded spring grassland in Central Asia. *Rangel. Ecol. Manag.* 2012;65:426-432. doi: 10.2111/REM-D-11- 00016.1.

530. Seleiman M.F., Al-Suhaibani N., Ali N., Akmal M., Alotaibi M., Refay Y., Dindaroglu T., Abdul-Wajid H.H., Battaglia M.L. Drought stress impacts on plants and different approaches to alleviate its adverse effects. *Plants.* 2021;10:259. doi: 10.3390/plants10020259.

531. Wang Y., Zou Y.-N., Shu B., Wu Q.-S. Decifrar os mecanismos moleculares relativos ao aumento da tolerância à seca em plantas por fungos micorrízicos arbusculares. *Sci. Hortic.* 2023;308:111591. doi: 10.1016/j.scienta.2022.111591.

532. Huang D., Ma M., Wang Q., Zhang M., Jing G., Li C., Ma F. Os fungos micorrízicos arbusculares aumentaram a resistência à seca na maçã através da regulação de genes na via MAPK. *Fisiologia Vegetal Bioquímica.* 2020;149:245-255. doi: 10.1016/j.plaphy.2020.02.020.

533. Song Z., Bi Y., Zhang J., Gong Y., Yang H. Fungos micorrízicos arbusculares promovem o crescimento de plantas na argila associada à mineração. *Sci. Rep.* 2020;10:2663. doi: 10.1038/s41598-020-59447-9.

534. Benaffari W., Boutasknit A., Anli M., Ait-El-Mokhtar M., Ait-Rahou Y.,

Ben-Laouane R., Ben Ahmed H., Mitsui T., Baslam M., Meddich A. Os fungos micorrízicos arbusculares nativos e as emendas orgânicas à base de vermicomposto melhoram a fertilidade do solo, o desempenho do crescimento e a tolerância da quinoa ao stress da seca. *Plantas.* 2022;11:393.

doi: 10.3390/plants11030393.
535. Li J., Meng B., Chai H., Yang X., Song W., Li S., Lu A., Zhang T., Sun W. Os fungos micorrízicos arbusculares aliviam o stress da seca nas gramíneas C3 *(Leymus chinensis*) e C4 (*Hemarthria altissima*) através da alteração das actividades das enzimas antioxidantes e da fotossíntese. *Front. Plant Sci.* 2019;10:499. doi: 10.3389/fpls.2019.00499.
536. Zhu L., Bai Y., Zhang L., Wu G., Si W., Wang A. Water-land-food nexus for sustainable agricultural development in main grain-producing areas of North China Plain. *Foods.* 2022;12:712. doi: 10.3390/foods12040712.
537. Sagar A., Rathore P., Ramteke P.W., Ramakrishna W., Reddy M.S., Pecoraro L. Plant growth promoting rhizobacteria, arbuscular mycorrhizal fungi and
as suas interações sinérgicas para contrariar os efeitos negativos do solo salino na agricultura: Macromoléculas-chave e
mecanismos. *Microorganismos.* 2021;9:1491.
doi: 10.3390/microorganisms9071491.
538. Donlao N., Ogawa Y. A influência das condições de processamento nos teores de catequina, cafeína e clorofila das folhas e infusões de chá verde *(Camelia sinensis)*. *LWT.* 2019;116:108567. doi: 10.1016/j.lwt.2019.108567.
539. Amani Machiani M., Javanmard A., Habibi Machiani R., Sadeghpour A. Arbuscular mycorrhizal Fungi and Changes in Primary and Secondary Metabolites. *Plants.* 2022;11:2183. doi: 10.3390/plants11172183.

540. Kakouridis A., Hagen J.A., Kan M.P., Mambelli S., Feldman L.J., Herman D.J., Weber P.K., Pett-Ridge J., Firestone M.K. Routes to roots: Evidência direta do transporte de água por fungos micorrízicos arbusculares para plantas hospedeiras. *New Phytol.* 2022;236:210-221. doi: 10.1111/nph.18281.

541. Liu X., Feng Z., Zhao Z., Zhu H., Yao Q. O solo ácido inibe a funcionalidade
de fungos micorrízicos arbusculares, reduzindo a formação de arbúsculos em raízes de tomate. *Soil Sci. Plant Nutr.* 2020;66:275-284. doi: 10.1080/00380768.2020.1721320.

542. Yang Y., Han X., Liang Y., Ghosh A., Chen J., Tang M. A combinação de
efeitos dos fungos micorrízicos arbusculares (FMA) e do stress de chumbo (Pb) na acumulação de Pb, parâmetros de crescimento das plantas, fotossíntese e enzimas antioxidantes em *Robinia pseudoacacia* L. *PLoS ONE.* 2015;10:e0145726. doi: 10.1371/journal.pone.0145726.

543. Diaconu M., Pavel L.V., Hlihor R.-M., Rosca M., Fertu D.I., Lenz M., Corvini P.X., Gavrilescu M. Characterization of heavy metal toxicity in some plants and microorganisms-A preliminary approach for environmental
bioremediação. *New Biotechnol.* 2020;56:130-139. doi: 10.1016/j.nbt.2020.01.003.

544. Parada J., Rubilar O., Fernández-Baldo M.A., Bertolino F.A., Durán N.,
Seabra A., Tortella G. A nanotecnologia entre os EUA: As

nanopartículas de metais e óxidos metálicos são um nano ou mega risco para a microbiota do solo?
comunidades? *Crit. Rev. Biotechnol.* 2019;39:157-172.
doi: 10.1080/07388551.2018.1523865.
545. Shuaib M., Azam N., Bahadur S., Romman M., Yu Q., Xuexiu C. Variação e sucessão de comunidades microbianas em condições de persistência de metais pesados e seu mecanismo de sobrevivência. *Microb. Pathog.* 2021;150:104713. doi: 10.1016/j.micpath.2020.104713.
546. Tang J., Zhang J., Ren L., Zhou Y., Gao J., Luo L., Yang Y., Peng Q., Huang H., Chen A. Diagnóstico da contaminação do solo utilizando índices microbiológicos: Uma revisão sobre a poluição por metais pesados. *J. Environ. Manag.* 2019;242:121-130. doi: 10.1016/j.jenvman.2019.04.061.
547. Rajendran S., Priya T., Khoo K.S., Hoang T.K., Ng H.-S., Munawaroh
H.S.H., Karaman C., Orooji Y., Show P.L. A critical review on various remediation approaches for heavy metal contaminants removal from contaminated soils. *Chemosphere.* 2022;287:132369.
doi: 10.1016/j.chemosphere.2021.132369.
548. Siddiqua K.S., Farooqui S.A., Hussain T., Mohamed H.I. *Plant GrowthPromoting Microbes for Sustainable Biotic and Abiotic Stress Management.* Springer; BerlinZHeidelberg, Alemanha: 2021. Microbial Enzymes and Their Role in Phytoremediation; pp. 625-650.
549. Khan A. Promessas e potencialidades da estratégia de nano-fitorremediação in situ para a micorrização de solos contaminados com

metais pesados utilizando culturas bioenergéticas não alimentares *(Vetiver zizinoides & Cannabis sativa)* *Int. J. Phytorem ediation.* 2020;22:900-915.

550. Qin X., Zhang K., Fan Y., Fang H., Nie Y., Wu X.-L. O sistema de dois componentes MtrAB bacteriano regula a homeostase da parede celular em resposta ao stress alcalino ambiental. *Microbiol. Spectr.* 2022;10:e02311-e02322. doi: 10.1128/spectrum.02311-22.

551. Chen J., Guo J., Li Z., Liang X., You Y., Li M., He Y., Zhan F. Effects of an Arbuscular Mycorrhizal Fungus on the Growth of and Cadmium Uptake in Maize Grown on Polluted Wasteland, Farmland and Slopeland Soils in a Lead-Zinc Mining Area (Efeitos de um fungo micorrízico arbusculares no crescimento e na absorção de cádmio no milho cultivado em solos de terrenos baldios, terras agrícolas e terrenos inclinados poluídos numa área mineira de chumbo-zinco). *Toxics.* 2022;10:359. doi: 10.3390/toxics10070359.

552. Ouledali S., Ennajeh M., Ferrandino A., Khemira H., Schubert A., Secchi F. Influência da inoculação de fungos micorrízicos arbusculares no controlo do funcionamento dos estomas pelo ácido abscísico (ABA) em plantas de oliveira sujeitas a seca. *S. Afr. J. Bot.* 2019;121:152-158. doi: 10.1016/j.sajb.2018.10.024.

553. Benami M., Isack Y., Grotsky D., Levy D., Kofman Y. *Grand Challenges in Fungal Biotechnology.* Springer; Berlim-ZHeidelberg, Alemanha: 2020. The economic potential of arbuscular mycorrhizal fungi in agriculture; pp. 239- 279.

554. Nair A., Rao A.S., Bhanu L., More V.S., Anantharaju K., More S.S. *New and Future Developments in Microbial Biotechnology and*

Bioengineering. Elsevier; Amesterdão, Países Baixos: 2022. Arbuscular mycorrhizae, a treasured symbiont to agriculture; pp. 45-62.

555. Manale A., Hyberg S. *A Guide to Understanding the Fundamental Principles of Environmental Management (Guia para a compreensão dos princípios fundamentais da gestão ambiental): It Ain 't Magic: Everything Goes Somewhere.* IWA Publishing; Londres, Reino Unido: 2021.

556. Huang G., Ren H., Wang A., Wan X., Wu Z., Zhong X. A análise proteómica baseada em iTRAQ revela o mecanismo molecular de redução de álcoois superiores no vinho de arroz chinês por compensação de azoto. *Ann. Microbiol.* 2021;71:4. doi: 10.1186/s13213-020-01611-7.

557. Rezácová V., Czakó A., Stehlik M., Mayerová M., Simon T., Smatanová M., Madaras M. A fertilização orgânica melhora a agregação do solo através do aumento da abundância de eubactérias e produtos de fungos micorrízicos arbusculares. *Sci. Rep.* 2021;11:12548. doi: 10.1038/s41598-021-91653-x.

558. Zhang L., Xu M., Liu Y., Zhang F., Hodge A., Feng G. Carbon e a troca de fósforo pode permitir a cooperação entre um fungo micorrízico arbuscular e uma bactéria solubilizadora de fosfato. *Novo Phytol.* 2016;210:1022-1032. doi: 10.1111/nph.13838.

559. Frey S.D. Mycorrhizal fungi as mediators of soil organic matter dynamics (Fungos micorrízicos como mediadores da dinâmica da matéria orgânica do solo). *Annu. Rev. Ecol. Evol. Syst.* 2019;50:237-259. doi: 10.1146/annurev-ecolsys-110617-062331.

560. Afrangan F., Kazemeini S.A., Alinia M., Mastinu A. *Biologia.* Springer; Nova Iorque, NY, EUA: 2023. Glomus versiforme e *Micrococcus yunnanensis* reduzem os efeitos negativos do stress da salinidade através da regulação do estado redox e da homeostase iónica em culturas de *Brassica napus* L.; pp. 1-13.

561. Jabborova D., Annapurna K., Paul S., Kumar S., Saad H.A., Desouky S., Ibrahim M.F., Elkelish A. Beneficial features of biochar and arbuscular mycorrhiza for improving spinach plant growth, root morphological traits, physiological properties, and soil enzymatic activities. *J. Fungi.* 2021;7:571. doi: 10.3390/jof7070571.

562. Noor Sabah Nije Al Salihi(2024) A phenotypic and ecological study of endophytic mycorrhizal fungi on wild plants in Diyala Governorate, College of Education for Pure Sciences, Ph.D thesis.

563. **Walker, C. ;Harper,C.J. ;Brundrett,M.C. e Krings,M.(2018).** Procurando por fungos micorrízicos arbusculares no registro fóssil: Guia ilustrado .Transformative Paleo botany.

Sobre os autores

Dr. Mohamed Abdel-Raheem Ali Abdel-Raheem

Professor de Controlo Biológico

do Departamento de Pragas e Proteção das Plantas

do Instituto de Investigação Agrícola e Biológica do

Centro Nacional de Investigação.

33rd ElBohouth St., Dokki, Cairo, Egito.

Correio eletrónico: abdelraheem_nrc@hotmail.com,

abdelraheem_nrc@yahoo.com

Telemóvel: (+2) 01155527583 - (+2) 01009580797

Publicações publicadas (275) artigos (81), Livros e capítulos de livros (194, (Scopus) h-index (10), Citações (270), (Google Scholar) h-index (18) , Citações (870), (Web of Science) Publicações (9), h-index (4), Citações (41), Research Gate, h-index (14), Citações (561), Revisores em revistas internacionais (128), Artigos revistos em Controlo Biológico (630), Editor Chefe em Revista (6), Conselho Editorial em Revista (32), Editor Chefe Associado em Revista (5), Conferência Participada (27), Workshop Participado (293), Simpósio Participado (176), Fórum Participado (4), Prémio (4), Outros Participantes (30), Projectos como PI e membro (19), Cursos de Formação para Agric. Engenharia (20), Cursos de formação para estudantes universitários (8), Participação em cursos de formação para estagiários (19), TV, Rádio e Jornal (22), Orientador de tese de doutoramento (1), Comité de tese de doutoramento (2), e membro de fundação científica (14).

Centro Nacional de Investigação. 33rd ElBohouth St., Dokki, Cairo, Egito. Endereço de correio eletrónico: abdelraheem_nrc@hotmail.com, abdelraheem_nrc@yahoo.com, ma.abdel-raheem@nrc.sci.eg, Telemóvel: (+2) 01155527583 - (+2) 01009580797

Scopus ID do autor : 55220661700

https://www.scopus.com/authid/detail.uri?authorId=55220661700

http://scholar.google.com/citations?hl=en&user=gBtssEgAAAAJ

https://orcid.org/my-orcid?orcid=0000-0001-9240-064X

https://www.webofscience.com/wos/author/searchAbdel-Raheem, Mohamed Abdel-Raheem Ali - Web of Science Core Collection

https://www.researchgate.net/profile/Mohamed_Abdel-Raheem4/publications?sorting=recentlyAdded

http://livedna.org/20.16018

http://www.resarcherid.com/rid/R-6264-2017

https://www.webofscience.com/wos/author/record/R-6264-2017

TV, rádio e jornal

- https://www.youtube.com/attribution_link?a=NsH2xGv9mY8&u=%2F watch %3Fv%3Dsb46rBG8-Mc%26feature%3Dshare
- https://youtu.be/Ub8djW0tggo
- https://m. facebook.com/story. php?story_fbid=492907069288338&id=100076 011247165
- https://youtu.be/dOujUAZmTdw
- https://m. facebook.com/story. php?story_fbid=492907069288338&id=100076 011247165
- https://fb.watch/gPGrDuzZFX/
- https://www.youtube.com/watch?si=4UfyQaeHVLPiVR5J&v=n XV4NT - no7o&feature=youtu.be
- https://www.youtube. com/watch?v=sRH44W6TbcQ
- https://youtu.be/uq9Qj3AEBHk?si=ymaX06huG2AXJESu
- **https://www.facebook.com/share/v/Qg5s6HW3hD8PLBzp/?mibextid=xf xF2i**
- **https ://el-yom.com/news/archives/1092767**

Dr. Noor Sabah Nije Al Salihi

Ministério da Educação, Iraque

Email: Sabahnoor989@gmail.com

Telemóvel: (+964) 7739353341

Dr. Salah Abbas Zaidan Al-Tamimi

Ministério da Educação, Iraque

Email: salahaltmemi79@gmail.com

Telemóvel: (+994) 7737317477

MIX
Papier aus verantwortungsvollen Quellen
Paper from responsible sources
FSC® C105338

Printed by Books on Demand GmbH, Norderstedt / Germany